雷电监测与防护技术丛书

雷电监测与预警技术

郭在华 张卫斌 束 宇 李 兵 著

电子工业出版社

Publishing House of Electronics Industry

北京·BEIJING

内 容 简 介

随着试验手段的改进与探测技术的进步，人类对雷电的探索不断深入，对雷电的认识逐渐提高。通过对雷电的监测，可以发现雷电的特征及其发生规律，为雷电防护和预警预报提供更科学、更可靠的理论依据和数据支撑。本书重点介绍雷暴与闪电、雷电探测技术、雷电监测资料的应用方法及其存在的问题。本书共9章，第1章概述人类认识与探索雷电的历史过程和成果；第2章介绍雷暴与闪电，详细分析了雷暴的生消发展及闪电发生的物理机制；第3章阐述闪电的物理特征，闪电的物理特征既是雷电致灾的直接原因，也是雷电探测的信息来源；第4章基于雷电电磁特征，重点介绍不同种类的雷电探测方法、技术与系统；第5章主要介绍大气电场仪及大气电场数据的应用方法；第6章介绍多普勒天气雷达探测雷暴，通过雷达回波分析雷暴参数的闪电特征；第7章简单介绍闪电的其他探测方式；第8章阐述多种气象探测资料在雷电预警预报中的综合应用方法；第9章重点介绍两个雷电预警预报软件系统及其应用方法。

本书力求全面、系统地总结和分析当前用于雷电监测的技术、手段和方法，以期提高读者对雷电监测的综合认识。本书既可作为高等院校防雷相关专业的教材，也可作为气象预报员、气象灾害防护技术人员、雷电防护工程师、雷电监测系统设计人员、气象软件开发人员等的专业培训教材或技术参考书。

图书在版编目（CIP）数据

雷电监测与预警技术 / 郭在华等著. —北京：电子工业出版社，2023.7

（雷电监测与防护技术丛书）

ISBN 978-7-121-35234-8

Ⅰ. ①雷…　Ⅱ. ①郭…　Ⅲ. ①雷—监测②闪电—监测③雷—预警④闪电—预警　Ⅳ. ①P427.32

中国版本图书馆 CIP 数据核字（2018）第 234991 号

责任编辑：李　敏

印　　刷：北京天宇星印刷厂

装　　订：北京天宇星印刷厂

出版发行：电子工业出版社

　　　　　北京市海淀区万寿路 173 信箱　　邮编：100036

开　　本：787×1 092　1/16　印张：11.5　字数：301 千字

版　　次：2023 年 7 月第 1 版

印　　次：2023 年 7 月第 1 次印刷

定　　价：89.00 元

前　言

ooooooo

　　进入 20 世纪后，雷电灾害对人类社会的影响越来越大。在人类开始以架空线路进行电力远程输送后，雷电对人类的影响开始由直击雷的破坏发展到雷电过电压的侵入。特别是随着电子信息技术的发展，大量的微电子设备和大规模集成电路广泛应用，雷电灾害的发生更加频繁，危害更加严重，每年给社会带来巨大的损失。中国国际减灾委员会将雷电定为当今电子信息社会十大自然灾害之一，雷电防护已经成为信息社会安全的重要环节。

　　雷电科学的发展依赖雷电探测与试验技术的进步。近十几年来，我国雷电科学领域的研究发展很快，建立了较为完善的防雷安全管理体系及雷电监测网络。如何通过现代气象探测手段和预报技术来完成对雷电的监测和预警预报是提高我国气象防灾减灾能力、气象公共服务水平的重要内容。当然，这也是当前国际雷电科学研究与应用领域的一个难题。中国作为气象大国，提高雷电监测和预警预报水平更显迫切。

　　随着社会对雷电科学和雷电防护技术人才需求的与日俱增，雷电相关专业人才培养成为重点关注的问题。基于以上情况，2000 年以后，我国部分高校开始建设雷电防护科学与技术专业，培养面向社会需求，从事雷电物理、雷电监测、雷电预警预报、防雷检测、防雷工程、防雷管理等方面工作的专业人才。

　　本书介绍当前在雷电监测中应用的技术与手段，同时介绍了雷电监测数据在雷电预警业务中的应用方法与案例。全书由郭在华统稿，并负责第 1 章、第 2 章部分内容及第 7 章、第 9 章的撰写，张卫斌负责第 1 章、第 2 章、第 5 章部分内容及第 3 章的撰写，束宇负责第 6 章、第 8 章的撰写，李兵负责第 4 章及第 5 章部分内容的撰写。

受笔者水平制约，本书在知识体系、章节内容、例证等方面难免存在不足之处，敬请读者谅解并提出宝贵意见。希望本书能够成为一个引子，吸引更多的人加入进来讨论、研究，我们将在后面的版本中进行改进。

在此谨向复旦大学张义军教授、中国气象科学研究院吕伟涛研究员、四川省气象灾害防护技术中心、湖南省气象灾害防护技术中心，以及我的研究生罗宇、罗林燕、王乐乐、武雪莹等表示感谢。

郭在华

2023 年春于成都

目　录

第 1 章

概述

· · · · · · · · ·

    雷电是自然界最壮观的大气现象之一，它伴随着声、光、电等多种物理现象，总是显得那样奇妙无穷。夏日里，我们常能看到电闪雷鸣，老人们说，这是电母和雷公在发怒，可是稍懂一点科学知识的人都知道，这不过是自然界的放电现象。

    雷电具有强大的电流、炽热的热流、猛烈的冲击波、剧变的电磁场，以及强烈的电磁辐射等物理效应，其在极短的时间内就会产生巨大的破坏作用。世界上每秒大约会发生上百次闪电，闪电发生的一瞬间，除了产生极强的电流和热流，还会产生大量的臭氧。大气中的臭氧层是地球上一切生物的保护伞，能使地球表面的生物免遭紫外线的危害。雷电也是一种巨大的声波，可使空气中的部分细菌和微生物丧生，所以雷雨后的空气特别清新。

    雷电造成的灾害是世界十大自然灾害之一，雷电对人们的生命财产造成巨大威胁。根据中国气象局不完全统计，我国每年因雷电灾害伤亡的人数在 3000～5000 人，真实数据可能是此数据的 2 倍以上。50% 以上的森林火灾是由雷击引发的；我国每年因雷击造成的财产损失达 50 亿～100 亿元之巨。随着科技发展，高层建筑和弱电设备越来越多，易燃易爆场所、电力供电设备迅速增加，雷电灾害造成的损失也呈现越来越严重的趋势。

1.1 古人对雷电的认识与探索

    史前时代，雷电引燃干草树枝，为尚未学会取火的人类祖先提供了光和热。世界各地的神话中，只有神才能拥有火。

    在古希腊，雷电是万神之王宙斯的武器，因此被雷电袭击过的地方将供奉宙斯。在古罗马，主神朱庇特用雷电惩罚他的子民。

    在古印度吠陀文明中，骑在三首白象身上的天帝因陀罗常用武器金刚杵（雷电）袭击印度居民。根据神话传说，巨蛇弗栗多阻挡了地下的水流出来，导致严重的旱灾，因陀罗喝了三大杯祭礼中所奠苏摩酒来提高其战斗能力，与巨蛇弗栗多交战，并用金刚杵杀死了弗栗多，释放了被堵住的地下水流，使生命重生。

在斯堪的纳维亚地区，释放雷电的超级武器叫作雷神之锤，它是雷神托尔的武器。手持雷神之锤的托尔，保护人类免受邪恶侵害、赐予雨水、丰饶大地。同时，托尔是一位勇猛的战神，他甚至可以独自挑战巨人族，每当诸神被巨人族欺负或者攻击时，托尔只要一站出来巨人族立刻就知难而退。黄昏中，托尔与他的宿敌巨蟒约尔曼冈德大战之后，英勇死去。托尔致命的一击打破了巨蟒的头，他却被巨蟒口中流出的毒液淹死了。

在美洲西南沙漠地区，不断闪现雷电的天空非常壮观。在这样的天空下，美洲原住民将他们的恐惧变成神话，例如，新墨西哥祖尼人的雷神和战神阿哈于塔之类的精灵神话，或者加拿大太平洋海岸夸扣特尔人的阿蒙考斯那样的雷鸟神话。传说雷鸟异常强大，它那可怕的巨爪甚至可以抓起鲸鱼；但它也带来了水，孕育了森林和草原，保佑丰收和人丁兴旺。

图 1.1　传说中的雷公、电母造型

中国作为四大文明古国之一，很早就有雷电的记录和传说。传说中的雷公、电母就是雷电的神化形象，如图 1-1 所示。

雷公是司雷之神，又称雷师、雷神。电母是掌闪电之神，又称金光圣母、闪电娘娘。雷电崇拜，起自上古。屈原《远游》中称："左雨师使径待兮，右雷公以为卫。"《离骚》中亦云："鸾皇为余先戒兮，雷师告余以未具。"

雷公、电母之职，原本就是管理雷电。由于传说中雷电具有磅礴的气势和惩恶扬善的威力，因此，自先秦两汉起，民众就赋予雷电惩恶扬善的意义。《史记》中《殷本纪》称，"帝武乙无道""暴雷，武乙震死。"《论衡》中《雷虚篇》称，"盛夏之时，雷电迅疾，击折树木，坏败室屋，时犯杀人。""其'犯杀人'也，谓之〔有〕阴过，饮食人以不洁净，天怒，击而杀之。隆隆之声，天怒之音，若人之响吁矣。"其中，雷电都具有替天行道、惩罚阴过、震死暴雷的意思。道教继承中国古代对雷公、电母的信仰。杜光庭在其编撰的《道门科范大全集》中以雷公、电母作为主要祈求的神灵。北宋以后的神霄派、清微派道士施行雷法，《道法会元》称雷法之基础是"气"，"道中之法者，静则交媾龙虎，动则叱吒雷霆。"而雷公在道教中是主管雷霆的雷祖的下属神灵。

我国历史文献中很早就有描述雷电现象与灾害的记录。

公元前 1500 年，殷商甲骨文中就出现了"雷"字；西周的青铜器上亦有"电"字，它指的就是闪电（见图 1.2）。

图1.2 我国古文字中的"雷"字和"电"字

最早见诸文字记载的对雷电进行科学观察的学者是东汉哲学家王充，王充在《论衡》中《雷虚篇》对雷电有如下描述："雷者火也，以人中雷而死，即询其身，中头则须发烧燋，中身则皮肤灼焚，临其尸上闻火气，一验也。道术之家，以为雷烧石，色赤，投于井中，石燋井寒，激声大鸣，若雷之状，二验也。人伤于寒，寒气入腹，腹中素温，温寒分争，激气雷鸣，三验也。当雷之时，电光时见大，若火之耀，四验也。当雷之击，时或燔人室屋，及地草木，五验也。夫论雷之为火有五验，言雷为天怒无一效。"公元490年写成的《南齐书》记载："雷震会稽山阴恒山保林寺，刹上四破，电火烧塔下佛面，而窗户不异也。"

北宋科学家沈括（1031—1095年）在《梦溪笔谈》中描述："内侍李舜举家曾为暴雷所震。其堂之西室，雷火自窗间出，赫然出檐，人以为堂屋已焚，皆出避之。及雷止，其舍宛然，墙壁窗纸皆黔。有一木格，其中杂贮诸器，其漆器银扣者，银悉镕流在地，漆器曾不焦灼。有一宝刀，极坚钢，就刀室中镕为汁，而室亦俨然。人必谓火当先焚草木，然后流金石，今乃金石皆铄，而草木无一毁者，非人情所测也。佛书言'龙火得水而炽，人火得水而灭夕'，此理信然。"

明末四公子之一方以智（1611—1671年）进一步概括："雷火所及，金石销熔，而漆器不坏。"

关于雷击人与物留下纹迹的现象，最早论述的人也是王充。当时，有鬼神之念者说雷击死者尸体上的纹迹是天神写的罪状，而王充在《论衡》中《雷虚篇》斥此为虚妄之言。理由是，天若要百姓知其罪，就应让人们看清所写的字，可是无人识尸体上的字迹，所以它根本不是什么天神之书，是火烧之痕迹而已。《太平御览》卷13载，公元406年6月，雷震了太庙，墙壁和柱子上"若有文字"。《梦溪笔谈》对这种现象记述得更具体："余在汉东时，清明日雷震死二人于州守园中，胁上各有两字，如墨笔画，扶疏类柏叶，不知何字。"但雷击死者尸体上的纹迹被传为雷公对死者的判罪之文，是颇蛊惑人心的，世人亲睹者极少，即使见之者也受鬼神之说而牵强附会、以讹传讹。至今民间这种迷信犹存，此种现象尚有其社会心理基础。在南方多雷区的旷野，遇到雷暴临空的人，信奉雷公只惩罚罪犯之说是其从心理上避免恐惧的有效方法，许多宗教迷信的流行类似于此。

关于尖端放电产生的电晕现象，《汉书西域传》载："元始中（公元3年）……矛端生火。"东晋史学家干宝著录的《搜神记》中记载：元304年，成都王发兵邺城，"是夜，戟锋皆有火，遥望如悬烛，就视，则亡焉。"我们若留心细察古书，揭去古人在书中添加的神秘之说，当可更多地看到他们记录的一些自然界的物理现象。

历史上还有无云而雷这种罕见自然现象的记载。《汉书·志·五行志中之下》记载："史记秦二世六年，天无云而雷。"伏侯《古今注》曰："成帝建始四年，无云而风，天雷如击连鼓，音可四五刻，隆隆如车声"。该文献记录了尖端放电产生的电晕放电现象。现代研究得知，这是由于同种电荷相互排斥，导体上的静电荷总是分布在表面上，而且一般来说分布是不均匀的，导体尖端的电荷特别密集，所以导体尖端附近空气中的电场特别强，使得空气中残存的少量离子高速运动。这些高速运动的离子撞击空气分子，使更多的分子电离。这时空气成为导体，于是产生了尖端放电现象。这也是避雷针的工作原理，避雷针实质上是一根引雷针。它通过尖端放电形成电晕放电现象，从而在导体尖端形成电晕电流，也就是所谓的上行先导。当雷暴云的下行先导往下发展时，若与避雷针的上行先导对接，即完成了一次雷电放电过程，从而保护周边设施免受雷电闪击。

我国历代都有进步学者勇敢地反对以神鬼之论说明雷电及其灾害，他们既有唯物主义者，也有唯心主义者。唐代诗人柳宗元就是其中较杰出的一位，他在《断刑论下》中说："夫雷霆雪霜者，特一气耳，非有心于物者也；""春夏之有雷霆也，或发而震，破巨石，裂大木，木石岂为非常之罪也哉？"宋代理学家程朱等人吸收佛教的优点，在哲理思索上下功夫，反对雷灾是天神惩罪之说。陆佃在《埤雅》中说："电，阴阳激耀，与雷同气发而为光者也"，"其光为电，其声为雷"。宋代大儒朱熹认为雷电是，"阴阳之气，闭结之极，忽然迸散出。"元末明初思想家刘伯温（1311—1375年）在《刘文正公文集》中讲："雷何物也？曰雷者，天气之郁而激发也，阴气团于阳，必迫，迫极而进，进而声为雷，光为电。"他们的认识比起同时期的欧美学者更接近科学，可惜他们只停留在观察自然界，进行理性思辩，并没有动手制作仪器，也没有进行试验寻找其规律，因而无法前进。后来，欧美等国科学家使用试验手段不断探索，使得近代雷电科学得到质的飞跃和发展。

1.2　近代雷电研究与探索

16世纪，英国近代科学家弗兰西斯·培根、法国科学家勒内·笛卡儿、意大利科学家伽利略等倡导和宣传了正确的科学思想和科学方法，对当时的人们及后人产生了重大影响，将科学试验提到了很重要的地位，并在这个基础上建立了理性思维，使人们怀疑一切教条和无根据的论断。许多学者进行了试验观察，18世纪中叶对电的本质有了科学认识，并在此基础上揭穿了雷电的神学面纱，从而初步建立了雷电科学。

第一个将实验室人工产生的电与闪电产生联想的人是英国科学家弗朗西斯·豪克斯比。1706年，他用玻璃圆筒摩擦起电，研究它的发光，并发现这种发光与闪电非常相似。次年，另一位英国人华尔使用琥珀摩擦起电获得更多的电，观察到放电不仅能产生闪光，而且能产生类似雷鸣的响声，因此他认为雷电很似"地电"的放电。斯蒂芬·格林进一步从试验得出结论："天电与地电的电火花本质上是相同的。"

真正证实天电与地电同一性的人是富兰克林。他把天电引到地上来做试验，才使人们信服，这是雷电科学发展史上关键的一步。在奠定了基础之后，他研究了电荷分布与带电体形状的关系，从而认识了尖端放电；他还改进了荷兰人莱顿发明的用于存放电荷的莱顿瓶，这样他获得了大量的电荷，用于产生强烈的火花放电。但是，他未能判别天电是否也可以被尖端吸引，于是他决定设计试验进行考察。

富兰克林做了两个伟大的试验。

第一个试验是"岗亭试验"。所谓岗亭就是设计的一个可以容纳一个人的小房子，它有遮雨的顶盖，在顶盖上方竖起一根铁棒，上端磨尖，铁棒固定在绝缘底座上，小房子置于高塔或其他建筑物顶上，人可以在小房内观察、试验。第一个成功的试验是 1752 年 5 月在巴黎郊外一个名叫 Marly 的乡村中的一座花园里做的。值班人员看到雷雨云过顶，铁棒下端发出电火花，它与地电产生的电火花完全一样。后来，多个科学家通过相同的方法见证了雷雨云过顶时铁棒上产生的电火花，从此富兰克林的见解得到公认。

第二个试验是著名的"风筝试验"（见图 1.3）。该试验直接从云中取下天电来验证其是否与地电相同。他设计的风筝是用手绢制作的，骨架上装有金属尖端，用麻绳作为风筝线，绳下端挂一个金属圈，圈上吊一个铜钥匙，用于把收集到的电荷引到莱顿瓶中。金属圈上系一段干燥的丝绳，人手拉丝绳站在遮雨的小屋里，以保证丝绳是不导电的。富兰克林在一封信中透露了试验情况：把风筝放上去后等了很长时间也看不出效果；后来头顶上方来了一朵有可能带电的乌云，可是仍然看不到预想的带电现象；就在这一时刻，细心的富兰克林注意到麻绳上几丝松散的纤维竖起来互相排斥，他立刻把指关节靠近铜钥匙，随即看到电火花从铜钥匙跳向指关节；接着他将莱顿瓶靠近铜钥匙以收集天电，从而证明了天电与地电是相同的。

图 1.3　富兰克林的"风筝试验"

中世纪，欧洲宗教对社会的控制是很强的，雷电被认为是神的意志，祈祷或者敲响教堂里的钟才能避免雷电的袭击。为此，不少统治者把成百吨的炸药存放在教堂里，以求得上帝的保护。

当时的人们虽然还未完全接受雷电和一般电具有同一性这种说法，但是有些人直觉感到这种新办法会有效。他们接受了富兰克林的建议，于是在欧洲大陆特别是在法国，安装避雷针蔚然成风。1767 年，威尼斯的一个教堂因没有避雷针的保护而在遭受雷击后引起教堂内的炸药爆炸，导致 3000 人死亡，并毁了大半个威尼斯城。又如，东印度公司的理事会认为，避雷针会产生高电势因而有危险，故下令苏门答腊岛上的马拉加要塞拆去避雷针，1782 年闪电点燃了该要塞的 400 桶炸药，造成巨灾。另外，意大利威尼斯的圣马可钟楼在 1762 年遭到了第 9 次雷击破坏，之后 1766 年其装上了避雷针，从此再未遭到雷击。意大利锡耶纳教堂的塔楼有类似的历史，其于 1777 年也装上了避雷针。通过对比人们发现，避雷针的效用毋庸置疑。

为了进一步弄清避雷针的作用机理，1752 年 9 月富兰克林在自己家中装了一套特殊形式的避雷针，并经常进行观察。他利用这一试验装置发现，雷雨云带的电多半是负电荷。他还观察到，强大的雷雨云使中央的铜球被推斥远离两铃，强大的电火花直接穿过两铃，甚至形成连续放电，变成手指粗的火柱。经过多年的仔细观察，富兰克林很谨慎地指出：从避雷针引下的导线要埋到潮湿的土壤中，并且埋得越深越好。避雷针有双重作用，或者由于尖端放电而避免发生闪电，或者将闪电导入地下，基于此避雷针可以使建筑物避免闪电灾害。

1.3 近代雷电探测

雷电科学真正建立起来要靠物理探测手段，即要有精确的探测仪器和完善的探测方法。

1752 年，Lemonier 发现一根竖直放置的、被绝缘体隔离的长导体晴天也会带电，这是人类第一次发现大气电场无时不在。他进一步发现，导体若带尖端，则它会放电，直到它的电势与尖端附近大气的电势相等为止，这种现象为探测大气各处的电势提供了一种极重要的方法，即"探针法"。1787 年，发明电池的意大利物理学家 Alessandro Volta 发现，火焰会不断向周围空气泄放离子，因而又有了第二种测量大气中电场的方法，即"火焰法"。

1775 年，Beccaria 用一根伸直的长导线来观察这种变化，他花了近 20 年才确认：导线在晴天获得的是正电，而在雷雨天获得的多半是负电。1779 年，De Saussure 对富兰克林所制的小球静电计进行了改进，改进后其可以更灵敏、更精确地测量物体所带的电，因此可以观察到更丰富的大气电效应的特征，如冬天的效应大于夏天，并认识到大气中有正电荷，它随着距离地面高度的增大而增多。1804 年，Erman 认识到，大气电场的起源不是地面大气中的电荷，而是地球所带的电荷。1842 年，Peltier 给出完整的说明：地球带有负电荷，De Saussure 和 Erman 观察到的现象起源于静电感应；他还解释了大气电效应随时间的变化，以及云的带电，并认为是地面蒸发的水汽带走了地球的部分负电荷。

开尔文是第一个明确提出电势概念的科学家。他指出，无论探针法、火焰法，还是他所发明的滴水法，都使测量仪器的探测端导体与其紧邻的被测量的大气取得等电势，这一点对于试验测量和理论探讨都有重要意义。1860 年，开尔文发明了象限静电计，大大提高了电势测量的精确度。象限静电计沿用至今，目前仍是测量大气电场的基本仪器。

1795 年，C. A. Coulomb 发现大气也是导体。1887 年，Linss 注意到这个问题的重要性，并根据观察到的大气中的电流值进行了估算，结果发现地球所带的电量若无补给来源，会在 10 分钟内消耗完。这个问题的提出，引得人们思考地球为何带负电并稳定不变，从而引发各种关于大气电场的理论和测量方法。首先，人们对大气导电的物理性质有了新认识。Elster Geitel 和 Wilson 发现，大气中存在离子、分子大小或稍大的带有正电荷或负电荷的小粒子。Langevin 于 1905 年又发现了大气中的大离子；Pollock 等人于 1915 年之后陆续发现了大气中中等尺度的离子。研究大气中带电粒子的来源、分布和运动规律，成为现代雷电科学非常重要的部分，也属于基础性的研究工作。研究者看到大气中的带电粒子有正有负，它们会吸引、复合而消失，但是为什么其浓度会保持一定呢？由此人们意识到大气中必定有产生离子的源，需要寻找。20 世纪之交原子物理研究中放射性的发现，使人们认识到地层中存在放射性元素，这是一种重要的离子源。基于此，大气中的离子浓度应随着距离地面高度的增大而减小。Hess、Kolhörster 测量到，高空大气层中的电导在显著增大；此后人们发现，地球的外空间有非常强的辐射从各个方向穿透地球大气层，这就是宇宙射线。它们在大气中会产生二次射线，还可以到达地层下相当深处，足以见其辐射粒子能量之大。此外，紫外线虽然不能穿入大气层下部，但大气层上部是主要的电离源，大气顶部有电离层。这些物理因素对于闪电过程有重大影响。

Walter 于 1903 年实现了开尔文所设想的研究，即用照相机记录、研究闪电，他发明了移动照相法，第一次使人们认识到一次闪电是由几次放电组成的。1926 年，Boys 设计出可以精确显示闪电多种特征的照相机，但他等待了许多年也等不到拍闪电的机会，于是他来到多雷电的南非，并很快就取得了结果。Schonland 和他的合作者 Collens、Malan 使用 Boys 设计的照相机拍得了一批闪电照片，这些闪电照片充分显示了闪电的结构特性。但是应该指出，闪电有很大的随机性，其与地区有关，许多闪电照片来源于南非。Mathias 于 1929 年观察到，1 个闪电所包含的放电次数可达 42 次。而 Pierce 于 1955 年发现，英国的闪电另有特点，一般的闪电只包含 1 次放电，大约 35%的闪电包含 2 次以上的放电；另外，一般的闪电第一次放电后的放电总是遵循第一次放电的途径。Walter 发现了一次例外，该闪电第二次放电在某个分叉点另辟通道，但未能到达地面。从照片分析可知，放电是由梯式先导组成的，Schonland 发展了解释梯式先导的学说。Bruce 和 Golde 根据大量的观察分析得到了一次完整的闪电内不同放电次数的相对频数。Bruce、Schonland 和 Pierce 先后提出了关于先导的理论。

Luvini 于 1884 年运用法拉第的方法观察到，水和冰在碰撞时，冰带正电，水带负电，他由此联想到卷积云中的起电。Sohncke 于 1888 年得出结论，地球带负电是云中的水，即雨的下降所致；可是后续测量结果显示雨带正电。Brillouin 认为，冰的光电效应可使卷积云中的冰晶带正电，使空气带负电。

另一些学者从水滴破碎的带电这个角度研究云的起电机制，结果显示，在强烈的垂直射流中，水滴破碎的确能产生可观的起电，大的碎水滴带正电，周围空气则含有带正电、带负电两种离子，其中带负电的离子较多。一个直径约 8cm 的蒸馏水的水滴破碎时，平均产生 5.5×10^{-3} 静电单位的电量。Simpson 认为，雷暴起电与大雨滴的反复破碎有关。Mason 和 Matthews 于 1964 年做了一个对比性试验，即自由下落的水滴在无外加电场和有外加电场中破碎，结果表明，有外加电场时，产生的电量增大；当外加电场为 1500V/cm 时，电量增大 2 个数量级。这证明，当雷暴中存在初始电场时，大雨滴的破碎对云下部的电荷结构有重要贡献。

Wilson 是可靠地测定雷暴过程中云中电量的第一人。他制造了一种毛细管静电计来测量闪电时垂直电场的变化，由此推算出云中电量和电荷的分布。此方法较好，之后被广泛采用。Wilson 指出，晴天的大气电场主要起源于雷暴。他还发现，大气电场还没有出现闪电之前，青草覆盖的地表就产生了可观的放电电流，这种现象可能对雷暴条件下由地面向上垂直输送电荷的过程非常重要。

用气球升空探测高空电势最早的是 Linke，1904 年他使用滴水器作为等电势器，使静电计的测量端与其所在高度的大气层等电势。Ebert 和 Lutz 用酒精代替水，改进了气球上的测量装置。Von Schweidler 总结概括了 57 个气球在欧洲中部升空测得的结果，列出了大气电势梯度与距离地面高度之间关系的经验公式。Koenigsfeld 和 Piraux 用气球搭载无线电探空仪进行测量，提高了测量精度。

值得注意的是，20 世纪 50 年代之后大气电场测量有了很大发展，这与第二次世界大战有密切关系。1939—1945 年，特别是在德国和美国，因为飞机和空气球会受到雷电侵害，无线电通信会受到雷电干扰，各国军方对雷电探测加大了研究力量。再加上雷达技术和航空、航天技术的发展，为雷电科学提供了现代化的测量技术手段，雷雨云的探测既可以运用雷达，又可以运用飞机穿入云中，还可以由人造卫星从上部俯瞰观测，这使雷电科学的发展进入一个新的时期。

雷电灾害的起因是雷电电磁脉冲（Lightning Elcetro-Magnetic Pulse，LEMP），它无孔不入，波及的空间范围很广。微电子设备越先进、耗能越小、越灵敏，LEMP 对它的危害范围越大。过去，防雷主要针对强电系统，LEMP 的存在对它危害不大；而现在，防雷转向弱电系统，防雷工程技术面临着重大转变。例如，以往的防雷是一维的防御，至多是二维空间的防御，而今防雷已变为三维空间的防御了。

美国肯尼迪航天中心（KSC）的防雷工程就是一个典范。KSC 火箭发射场勤务塔上高竖着富兰克林避雷针，200 多年一直执行着吸引闪电入地的任务。但是，KSC 尚有一系列其他防雷措施，同时装有雷电预警系统，将雷电遥测预警也纳入防雷工程中，这是现代防雷工程技术的一个新发展。美国、法国等近年已率先建立了全国雷电监测预警网，它对于电力输送网和森林防火安全都有重要价值。我国雷电监测预警网的建设还刚刚起步，需要加快发展。中国科学院于 20 世纪 80 年代末期研制了先进的闪电监测定位系统，1989 年 8 月 12 日，黄岛油库遭到落地雷击就是由这套系统在济南地区发现并记录的，其将闪电落地的时刻记录在案。另外，雷电预警变为防雷工程的重要组成部分是很有价值的一件事，因为野外作业特别是近年来日益发展的旅游业的防雷安全一直是一个难题。此外，有些地方如高山顶上的观象站、微波站、监测站等设置避雷装置存在很多困难。中国有句话："惹不起，躲得起！"对于雷击，也可以这么办。航天器、火箭的发射就采用预警来躲开雷电灾害，要实现这一点，就必须有可靠的雷电监测系统。现在，这个难题已经解决了，旅游业、野外施工或其他作业都可以利用这项新技术。

第一位通过发射火箭研究雷电的科学家是 Torino 大学实验物理学教授 Giambatista Beccaria，他在 1753 年 10 月发射了 6 枚研究雷电的火箭，不过他实验研究的目的是测知雷雨云中的电荷分布。为了实地测量闪电的各种特性和参数，美国肯尼迪航天中心采用尾上拖有铜丝的小火箭人工引雷，这种方法比等待自然落地闪电或实验室中的人工雷电模拟试验要优越得多。中国科学院寒区旱区环境与工程研究所和中国气象科学研究院近年来也多次用火箭引雷进行研究。广东省气象局和中国气象科学研究院在广东省从化市建立了野外雷电试验场，从事人工触发闪电试验，并取得较好效果，如图 1.4 所示。

向云中发射火箭或强激光可以触发闪电，包括云闪和地闪。20 世纪 60 年代初，美国海军在雷暴天气进行深水爆炸试验，激起的六七十米高的水柱竟然遭到雷击。这一偶然事件说明，高速运动的接地导体有可能触发闪电，其后美国、法国等国家都有科学家进行人工触发闪电的野外试验。1965 年，Newman 等人在船上向积雨云发射火箭，火箭拖一根与船体相连的不锈钢丝，钢丝长 300m，最终火箭几乎到达了云的高度，引雷成功率达 50%。有一次，火箭到达距地面 100m 处就触发了由 10 次闪击组成的地闪，钢丝气化，闪电沿钢丝通道击中船体。1968 年，阿波罗-12 宇宙飞船在通过无闪的云体时竟出人意料地遭到 2 次雷击，这一偶然事件启发了科学家。经过分析，科学家认为，若云中大气电场强度大于 10^3V/cm，则向云中发射直径 7cm 的小火箭，就有可能触发闪电。在美国索科罗县，科学家用这类火箭进行野外试验，获得了预期效果。有一次，在 2 分钟内向积雨云同一强电场区发射的 3 枚火箭均引发了云闪，用飞机探测云区的结果是，积雨云附近的大气电场强度从 $6×10^2$V/cm 降至 $4×10^2$V/cm。另一次，在 5 分钟内发射 4 枚火箭，结果发现入云处的大气电场强度从 $1.5×10^3$V/cm 降至 $5×10^2$V/cm。

1974 年，Ball 受这种野外试验的启发，提议用激光使雷雨云放电。他的提议不是依赖碰撞产生电子，而是用激光产生电离。这一提议随着激光器的改进终于变为现实（见图 1.5）。1992 年，日本关西电力公司和大阪大学等单位合作，成功地利用激光改变了闪电走向。具体来说，用镜子把一束特定波长的、功率达 $1×10^{10}$W 以上的强激光束射向雷雨云，在空气中形成高温等离子体，为闪电提供了放电通道。

图 1.4　人工触发闪电　　　　　　　　图 1.5　激光引雷

今后，雷电科学研究和发展有可能出现大的进展：一是电子信息技术的进步和空间物理领域的发展，为雷电探测提供了更好的条件，人们可以更好地理解与认识雷暴和雷电的物理本质；二是随着气象监测手段的进步，大气科学研究水平将在巨型计算机的辅助下得到提升，这为雷电预警与预报提供了可能；三是自然科学的突破性进展，使人们对雷电流及其高压特征有了更清晰的认识，这为现代雷电防护打下了理论基础；四是随着新材料的出现，雷电防护将从根本上解决能量瞬时释放所形成的高功率对设备的危害问题。

第 2 章

雷暴与闪电

· · · · · · · ·

雷暴是伴有强烈放电现象的对流系统。雷暴出现时伴有雷击和闪电，通常还伴随着滂沱大雨或冰雹，在冬季甚至会随暴风雪而来，属于强对流天气系统。

雷暴可以在世界上任何地方发生，包括南极、北极和沙漠地带，但通常在低纬度地区发生比较频繁。在亚热带和温带等中纬度地区，雷暴通常会在夏季发生，有时冬季也会受冷锋影响而有短时性雷暴。另外，乌干达及印度尼西亚是全世界雷暴发生最频繁的地方；美国中西部及南部会发生威力最强烈的雷暴，因为这些雷暴会与冰雹或龙卷风一起发生。目前，全世界从未发生过雷暴的地区只有南美洲智利北部的阿塔卡马沙漠，该地区因气候过于干燥及难以形成雨云从未出现过雷暴。

雷暴会在大气不稳定时发生，并且会制造大量的雨水或冰晶。通常雷暴发生有 3 种特定情况：地球大气层低空带的湿度很高，有充足的水汽；高空与低空的温度差异极大，也就是说气温递减率极高；冷锋受到外力的逼迫而汇聚。

2.1 中尺度对流系统

中尺度对流系统（Meso-scale Convective System，MCS）泛指水平尺度为 10～2000km 的具有旺盛对流运动的天气系统。中纬度地区常见的中尺度对流系统按其组织形式可以大致分为 3 类。

（1）孤立对流系统：包括普通单体雷暴、多单体风暴、超级单体风暴、龙卷风暴及小飑线等；

（2）带状对流系统：包括飑线、锋面中尺度雨带等；

（3）中尺度对流复合体（Meso-scale Convective Complex，MCC）。

2.1.1　孤立对流系统

孤立对流系统是指以个别单体雷暴、小的雷暴单体群，以及某些简单的飑线等形式存在的、范围相对较小的对流系统。较大的、较复杂的对流系统，如飑线、中尺度对流复合体等都是由个别孤立对流系统组成的。

孤立对流系统主要有 4 种基本类型：普通单体雷暴、多单体风暴、超级单体风暴和龙卷风暴。

1. 普通单体雷暴

通常将一个垂直速度≥10m/s、水平范围达十千米至数十千米、垂直伸展几乎达整个对流层的强上升区，称为一个对流单体。

仅由一个对流单体构成的雷暴系统叫作单体雷暴。不同的雷暴，其所伴随的天气现象的激烈程度差别很大。以一般常见的闪电、雷鸣、阵风、阵雨为基本天气特征的雷暴被称为普通雷暴，而伴以强风、大雹、龙卷风等激烈灾害性天气现象的雷暴被称为强雷暴。普通雷暴又有单体雷暴和雷暴群之分，其中单体雷暴被称为普通单体雷暴。

1946 年及 1947 年夏季，美国组织了雷暴的野外观测试验，对雷暴的内部结构和发展过程进行了细致的研究，建立了普通单体雷暴生命周期模式，如图 2.1 所示。

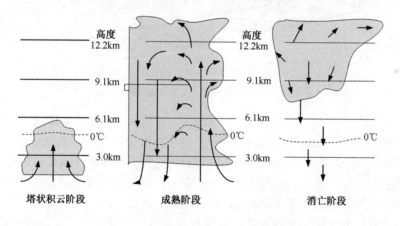

图 2.1　普通单体雷暴生命周期模式

单体雷暴的发展经历塔状积云、成熟和消亡 3 个阶段。每个阶段特征的差异主要表现在云内的垂直气流、温度和物态等几个方面。

在塔状积云阶段，云内为一致的上升运动；云内温度高于云外温度，基本在 0℃ 以上；物态主要为水滴。到成熟阶段，云内上升气流变得更强盛，上升气流最强盛的云顶出现上冲峰突，同时，降水开始发生，并且由于降水质点对空气产生的拖曳作用，在对流单体下部产生下沉气流；雨滴蒸发使空气冷却，下沉气流受负浮力作用而被加速，当下沉气流到达地面时，形成冷丘和水平外流，其前部边沿形成阵风锋；云体中上层的温度达到 0℃ 以下；云中物态有水滴、过冷水、雪花、冰晶，以及霰、雹等固态降水物等。到消亡阶段，云内下沉气流逐渐占有优势，最后下沉气流完全替换了上升气流；云内温度低于环境温度，最后云体逐渐消亡。完成上述发展阶段通常需要 30~50min，雷暴系统一般随最低5~8km 高度的环境平均风移动，所伴随的强天气有阵风、阵雨、小雹等，但持续时间一般非常短暂。

2．多单体风暴

多单体风暴是由一些处于不同发展阶段的生命周期短暂的对流单体组成的，是具有统一环流的雷暴系统。图 2.2 是一个多单体风暴的结构示意。多单体风暴由 4 个处于不同发展阶段的对流单体构成。其中，最南面的是最年轻的对流单体。箭头表示发展对流单体中的一个气块的轨迹。在多单体风暴中有一对明显的有组织的上升气流和下沉气流，这和普通雷暴群不同。普通雷暴群也是由许多对流单体集合形成的，但这些对流单体之间相互独立，并不构成统一的环流。

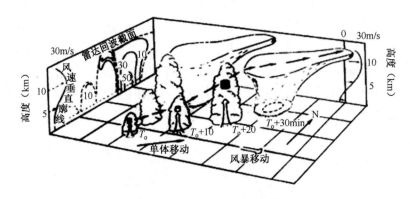

图 2.2　多单体风暴的结构示意（Chisholm 和 Renick，1972）

多单体风暴中的对流单体呈现有组织的状态，这和新生的对流单体仅出现在一定的方向上有关。如果新生的对流单体出现在各个方向上，则会呈现无组织的形态。在有组织的多单体风暴中，每个对流单体大致沿平均风向移动，但由于多单体风暴中的每个对流单体都有自己的发展过程，因此多单体风暴整体的移动方向可能会偏离平均风向。这种多单体风暴移动和传播的特性可由图 2.3 表示。从图 2.3 中可以看出，在多单体风暴中，个别对流单体的传播可以有 3 种不同的方式：个别对流单体向平均风向左侧传播；个别对流单体向平均风向右侧传播；个别对流单体随环境风移动。

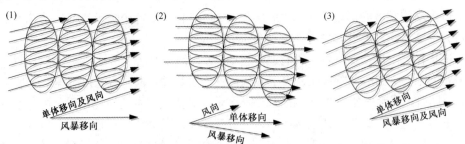

图 2.3　多单体风暴整体运动和对流单体运动的概念模型（Marwitz，1972）

3．超级单体风暴

超级单体风暴是，直径达 20～40km，生命周期达数小时以上，即比成熟的普通单体雷暴更巨大、更持久、天气更猛烈的强单体雷暴系统，如图 2.4 所示。它具有一个近似稳定的、高度有组织的内部环流（见图 2.5），并且连续向前传播，其移动路程可达数百千米。雷达观测到的超级单体风暴有下列明显特征：在距离—高度显示器上有穹窿、前悬回波和回波墙等；在平面位置显示器上有钩状回波（见图 2.6）。

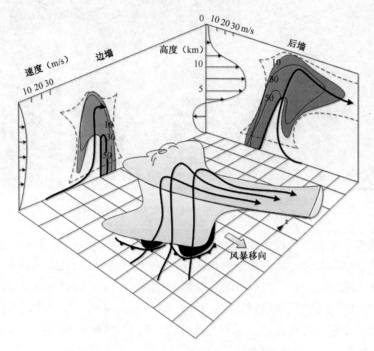

图 2.4　一个超级单体风暴的三维结构示意

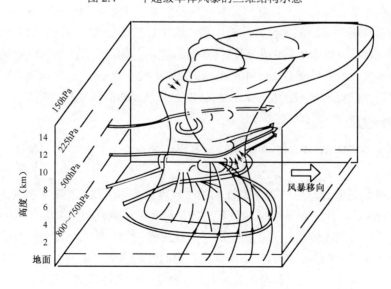

图 2.5　超级单体风暴内部环流与环境气流模型（Chisholm 和 Renick，1972）

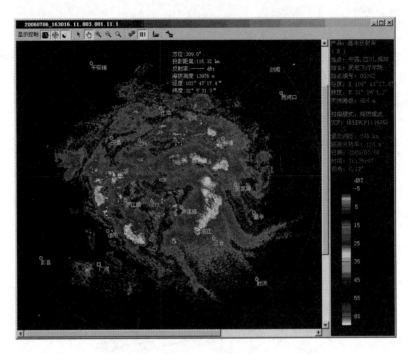

图 2.6　天气雷达图上的钩状回波和弱回波区

穹窿是风暴中强上升气流所在之处。在这里上升气流速度可达 25～40m/s。由于上升速度快，水滴常常尚未来得及增长便被携带出上升气流，因此形成弱（或无）回波区。穹窿有时呈现为圆锥形的弱回波区，称为有界弱回波区（Bounded Weak Echo Region，BWER），它可以伸展到整个风暴厚度的 1/2～2/3。当出现有界弱回波区结构时，一般来说强上升气流中没有围绕垂直轴的强烈旋转存在。弱回波区附近的强回波柱是强下沉气流所在之处。在这里，下沉气流的强度可以达到与上升气流的强度相同的量级。强降水（雨、雹）都发生在这里。弱回波区与强回波柱之间反射率梯度很大的地区称为回波墙。在弱回波区上方向前伸展的强回波区称为前悬回波，即风暴云的砧部。它包含大量的雹胚，所以也称为胚胎帘，它可以为冰雹的生长提供丰富的雹胚。超级单体风暴的外观呈现圆形或椭圆形，云体高大，水平尺度达 20～40km，垂直伸展 12～15km，云顶表现为庞大而平滑的圆顶状，这是活跃稳态风暴的特征，说明云中上升气流随时间变化不明显。

4. 龙卷风暴

龙卷风暴分为两类，分别是超级单体风暴产生的龙卷风暴和非超级单体风暴产生的龙卷风暴。

龙卷风暴是对流云产生的破坏力极大的小尺度灾害性天气，最强龙卷风暴的地面风速为 110～200m/s。当有龙卷风暴时，总有一条直径几十米到几百米的漏斗状云柱从对流云云底盘旋而下。有的能伸达地面，在地面引起灾害性的风，称为陆龙卷；有的未接地面或未在地面产生灾害性的风，称为空中漏斗云；有的伸达水面，称为水龙卷。龙卷漏斗状云柱可以有不同的形状，有的是标准的漏斗状，有的是呈现圆柱状或圆锥状的一条细长绳索，有的是呈现粗而不稳定且与地面接触的黑云团，有的呈现多个漏斗状。绝大多数龙卷都气旋式旋转，只有极少数龙卷反气旋式旋转。

龙卷气流的结构在不同情况下有很大的变化，通常分为 5 个区，分别为外流区（Ⅰ区）、核心区（Ⅱ区）、出流区（Ⅲ区）、入流层（Ⅳ区）、对流区（Ⅴ区），如图 2.7 所示。典型龙卷的气流结构如图 2.8 所示，龙卷漏斗状云柱由内层气流（对流云底部向下伸展并逐渐缩小的涡旋漏斗）和外层气流（地面向上辐合的涡旋气流）双层结构所组成。龙卷漏斗状云柱内层气流为下沉运动，外层气流为上升运动。由于龙卷中心附近空气外流，而上空往往又有强烈的辐散，因此龙卷中心气压很低。据估计，龙卷中心气压可低至 400hPa。龙卷中心气压的剧烈降低，造成了水汽的迅速凝结，使龙卷由不可见的空气涡旋变为可见的漏斗状云柱。龙卷的形态主要取决于其旋转比，即龙卷中上升气流边缘处的切向速度和龙卷内部平均上升气流速度之比。旋转比越大，龙卷的尺度越大。

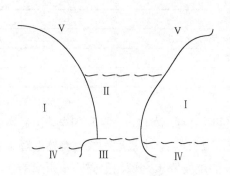

图 2.7　龙卷气流结构的分区

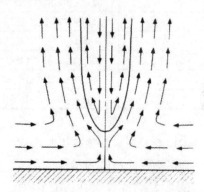

图 2.8　典型龙卷的气流结构

2.1.2　带状对流系统

带状对流系统是由对流单体侧向排列成的中尺度对流系统，常见的主要是飑线。

飑线是排列成带状的雷暴群，是一种范围较小、生命周期较短的气压和风的不连续线。其宽度范围从不及 1 千米至几千米，最宽至几十千米；其长度一般为几十千米至几百千米；其维持时间从几小时至十几小时。飑线出现非常突然。飑线过境时，风向突变，气压涌升，气温急降，同时，狂风、雨雹交加，会造成严重的灾害。在北半球温带地区，飑线前多偏南风，飑线后转偏西风或偏北风，飑线后的风速一般为十几米每秒，强时可超过 40 米/秒。飑线前天气较好，降水区多在飑线后。飑线两侧温差可达 10℃以上。

飑线虽然属于中尺度天气系统，但其形成和发展与一定的大尺度天气形势有关。飑线多出现在高空槽后和冷涡的南方或西南方；有时出现在高空槽前、副热带高压西北边缘的低空西南暖湿气流中；少数飑线产生于台风前部的倒槽或东风波里。从相应的地面形势来看，大部分飑线与锋面活动有关，主要发生在地面冷锋前 100～500km 的暖区内。飑线产生于强烈位势不稳定的层结中。这种位势不稳定层结，多数是由中层或高层冷平流叠加在低层暖湿气流之上所致。飑线与高空急流有一定的联系，多发生于急流区或风垂直切变较大的区域。

2.1.3 中尺度对流复合体

中尺度对流复合体是中纬度地区一种活跃的中尺度对流系统。根据增强红外卫星云图,分析概括得到如表 2.1 所示的中尺度对流复合体的定义和物理特征。由表 2.1 可见,中尺度对流复合体卷云罩的范围比单个雷暴大 2 个量级以上,生命周期也较长,是一种和雷暴或飑线不同的大而长生命周期的中 α 尺度系统。

表 2.1 中尺度对流复合体的定义和物理特征

尺度	(1)红外温度≤−32℃的冷云罩面积必须>100000km²; (2)内部温度≤−52℃的冷云区面积必须≥50000km²
开始	(1)和(2)的尺度条件首先满足
持续期	符合(1)和(2)尺度条件的时段必须≥6 小时
最大范围	邻近的冷云罩(红外温度≤−32℃)面积达到最大尺度
形状	最大范围时的偏心率(短轴/长轴)≥0.7
结束	(1)和(2)的尺度条件不再满足

中尺度对流复合体可引起多样的对流现象,包括龙卷、冰雹、大风和闪电,但通常的特征是引起广阔地区的暴雨天气,甚至产生暴洪。平均而言,中尺度对流复合体的降水量比周围地区高 60%,是美国中部地区农作物生长的重要降水来源,但强降水引起的暴洪可能会造成灾害事件。统计数据表明,几乎 4 个中尺度对流复合体中就有 1 个会引起人员伤亡。1977 年 7 月 19—20 日夜间,美国宾夕法尼亚州 Johnstown 地区的暴洪夺去 76 人的生命,成为美国一次重要的气象灾害。研究分析表明,这是由一个生命周期长达 96 小时的中尺度对流复合体所导致的。

2.2 雷暴和雷暴云

雷暴是由强对流产生的,它的水平尺度变化范围很大,可以从几千米到几百千米,垂直厚度大多在 10km 以上。就内部结构而言,雷暴由水平尺度几千米到十几千米的雷暴单体组成。有雷电活动的雷暴单体,其生命周期为 30 分钟到 1 小时左右,其闪电发生频率可以从每分钟不足一次到每分钟十多次以上,最大的闪电发生频率通常出现在第一次闪电之后 10~20 分钟内。

全球每年大约出现 1600 万次雷暴,平均每天发生约 44000 次雷暴。赤道地区雷暴活动最频繁,每年雷暴日数为 100~150 天;热带地区每年的雷暴日数为 75~100 天;中纬度地区每年的雷暴日数为 20~40 天;极圈内每年的雷暴日数最少,仅有 9 天。我国幅员辽阔,地理条件差异巨大,因此雷暴的分布也非常复杂。对于年均雷暴日数,南岭以南地区超过 50 天，而海南岛及南岭山的年均雷暴日数的确可以超过 100 天；东北地区的年均雷暴日数仅为 20 天；西北地区和内蒙古地区的年均雷暴日数更少。

2.2.1　雷暴的分类

根据雷暴中出现对流单体的数目和强度，雷暴可以分为单体雷暴、多单体雷暴、超级单体雷暴 3 种。

1. 单体雷暴

大多数雷暴只由 1 个单体组成，称为单体雷暴，也称为单细胞雷暴或雷暴胞。其强度弱、范围小，只有 5～10km，生命周期只有几十分钟，它可以分为形成、成熟和消亡 3 个阶段。

形成阶段：从初生的淡积云发展为浓积云，一般只要 10～15 分钟，云中都是上升气流。初期上升气流的上升速度一般不超过 5m/s；到浓积云阶段，上升气流的最大上升速度可达 15～20m/s。云底气流辐合上升。由于云中水汽释放潜热，因此云中温度较四周温度高，这时云中的电荷正在集中，但尚未发生雷电，也无降水。

成熟阶段：从浓积云到积雨云，这个阶段可以持续 15～30 分钟，云中都是上升气流，云顶发展很高，云上部出现丝缕状冰晶结构，同时上升气流继续加强，上升速度可达 20～30m/s，水汽凝结，并迅速形成大雨滴，随雨滴的增大，其重力增大，超过上升气流对其的浮力，这时就产生降水。降水的出现同时产生下沉气流，这时上升气流和下沉气流相间出现，云中的乱流十分强烈。当云顶高度发展到-20℃高度以上时，云中以冰晶、雪晶为主；在-20℃高度以下，冰晶与过冷水滴同时存在，并出现雷电。对于大多数雷雨云来说，正电荷位于雷雨云的上部，雷雨云的下部有大量的负电荷。

消亡阶段：上升气流减弱直至消失，气层由不稳定变为稳定，之后雷雨减弱消失，下沉气流也随之减弱消失，云体瓦解，云顶留下一片卷云。在消亡的雷雨云中观测到电场的阻尼振荡，云中的下沉气流使云下部的负电荷向外移动，使云上部的正电荷显露在云下的电场仪上，这一现象被称为 EOSO，即雷暴结束时的振荡。

2. 多单体雷暴

多单体雷暴由一连串有序的、发展阶段不同的雷暴单体组成，每个雷暴单体都经历形成、成熟和消亡 3 个阶段。在卫星红外增强云图上可以看到多个冷云中心，有时还可以看到几个雷暴单体的合并过程。

3. 超级单体雷暴

超级单体雷暴是强度更大、更加持久，并且能形成更强烈的灾害性天气的中尺度单体雷暴。其有高度组织化和十分稳定的内部环流，与风的垂直切变有密切关系。

超级单体雷暴连续移动，而不是离散传播。它的发生条件通常为：强烈的不稳定；平均环境风很强，风速达 10m/s 以上；强的风速垂直切变；上风向顺转。

2.2.2 雷暴云的移动

雷暴云的移动和传播机制可以分为 3 种不同的类型。

（1）移动或平流：移动或平流是风暴在其发展的整个生命周期内受气流的吹动而沿平均风向移动的过程。

（2）强迫传播：强迫传播是一个对流雷暴云团受到某种外界强迫机制而持续再生的过程。这种外界强迫机制的尺度通常要比对流风暴的尺度大。外界强迫传播机制有锋、与中纬度气旋相关联的辐合带、海陆风、与山脉有关的辐合、热带气旋中的辐合、消亡雷暴的外流边界，以及因外界强迫机制激发的重力波等。提供强迫传播的天气系统的生命周期要比雷暴云的生命周期长。

（3）自传播过程：自传播过程是指雷暴可以自行再生，或者在同一个整体系统内产生类似雷暴单体。自传播过程的例子有：下沉气流强迫和阵风锋；上升气流增暖产生的强迫；雷暴旋转引起的垂直气压梯度发展，或者雷暴引起的重力波的触发作用，产生低空辐射增强区。

2.3 闪电及其分类

闪电，在大气科学中是指大气中的强放电现象。在夏季的雷雨天气中，雷电现象较为常见。雷电的发生与云层中气流的运动强度有关。有资料显示，冬季下雪时也可能发生雷电现象，即雷雪，但是发生概率相当微小。当有严重的火山爆发时，或者当原子弹爆炸产生蘑菇云时，空中可能因短路而发生闪电。

闪电的电流很大，其峰值一般能达到几万安培，但是其持续时间很短，一般只有几十微秒。所以，闪电电流的能量并不如想象中那么巨大。不过闪电电流的功率很大，对建筑物及其内容设备尤其是电器设备的破坏作用十分巨大，所以需要在建筑物或设备上安装避雷针或避雷器等雷电防护装置，以在一定程度上保护这些建筑物和设备的安全。

2.3.1 根据闪电部位分类

按照闪电在空气中发生的部位，闪电可分为云闪、地闪或中高层大气闪电 3 大种类。云中放电占闪电的绝大多数，云地之间放电则是闪电对人类的生产和生活产生影响的主要形式。

1. 云闪

在 0℃ 高度以上，云内的液态水变成冰晶和过冷水滴。空气的密度不同，造成了空气对流，在此过程中过冷水滴或冰晶摩擦碰撞产生电荷。如果云内出现两个足够强的相反电位区域，那么带正电的区域就会向带负电的区域放电，结果就产生了云内闪电［见图 2.9（a）］或云间闪电［见图 2.9（b）］。风暴体内大多数的放电过程属于云闪。

（a）云内闪电　　　　　　　　　　（b）云间闪电

图 2.9　云闪放电

2．地闪

地闪是研究最广泛的闪电类型，主要是因为地闪对人类的生命财产有极大的威胁。在一次正常的地闪（见图 2.10）前，雷暴云底部有较少的正电荷，雷暴云中下部有较多的负电荷，雷暴云上部有较多的正电荷。闪电由底部和中下部的放电开始。电子从上往下移动，这一放电从上往下以阶梯状进行。每级阶梯的长度约为 50m，两级阶梯间约有 50μs 的时间间隔。每下一级阶梯，云里的负电荷就往下移动一级，这称为阶梯先导。阶梯先导的平均速率为 1.5×10^5m/s，约为光速的 1/2000，半径为 1～10m，将传递约 5C 的电量至地面。当阶梯先导很接近地面时，就像接通了一根导线，强大的电流以极快的速度由地面沿着阶梯先导流至云层，这个过程称为回击，约需要 70μs，回击速度为光速的 1/10～1/3。典型的回击电流强度为 1～20000A。如果云层带有足够的电量，则又会开始第二次阶梯先导。

图 2.10　一次正常的地闪

雷击又分为负雷击和正雷击。我们日常见到最多的是负雷击，负雷击就是指由云层往地面传下来的是负电荷。正雷击就是指由云层往地面传下来的是正电荷，正雷击的发生概率比负雷击小，但携带的电量比负雷击大，有人曾测量到正雷击电量的最大值为 300C。另外，正雷击通常只有一击，有第二击的正雷击相当少见。

3．中高层大气闪电

中高层大气闪电或中高层大气放电指的是一系列特殊的大气放电现象（见图 2.11）。这种放电通常发生在雷暴顶部与上层大气之间，这个高度远比正常闪电发生的高度高。不过，这种放电现象与对流层闪电缺少共通性，因此它又被称为瞬态发光现象（Transient Luminous Events，TLEs）。TLEs 包括红电光闪灵、蓝色喷流、巨型喷流及极低频率辐射。

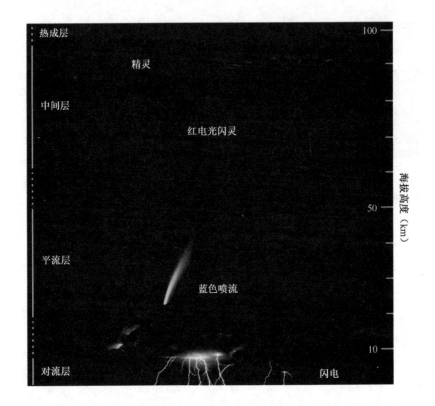

图 2.11　中高层大气闪电示意

2.3.2　根据闪电形状分类

1．线状闪电

线状闪电（见图 2.12）与其他闪电不同的地方是，它有特别高的电流强度，平均可以达到几万安培，在少数情况下可以达到 20 万安培。这么高的电流强度，可以毁坏和摇动大树，有时还能伤人。当线状闪电接触到建筑物的时候，常常造成"雷击"而引起火灾。线状闪电多数是云对地的放电。

2．片状闪电

片状闪电（见图 2.13）也是一种比较常见的闪电形状。片状闪电看起来好像云面上有一片闪光。片状闪电可能是云后面看不见的火花放电的回光，或者是云内闪电被云滴遮挡而造成的漫射光，也可能是出现在云上部的一种丛集的或闪烁状的独立放电现象。

3．球状闪电

球状闪电（见图 2.14）是闪电形状的一种，也称为球闪，民间常称之为滚地雷。球状闪电是一种十分罕见的闪电形状，最引人注目。它像一团火球，有时还像一朵发光的、盛开的"绣球"菊花。球状闪电的平均直径为 25cm，大多数球状闪电的直径为 10～100cm，最小直径只有 0.5cm，最大直径达数米。球状闪电偶尔也有环状或中心向外延伸的蓝色光晕，发出火花或射线。球状闪电的颜色通常为橙红色或红色，当它以特别明亮并使人目眩的强光出现时，也可以看到黄色、蓝色和绿色。球状闪电的生命周期只有 1～5s，最长可达数分钟。

图 2.12　线状闪电

图 2.13　片状闪电

球状闪电的行走路线一般是，从高空直接下降，在接近地面时突然改向进行水平移动；有的突然在地面出现，然后弯曲前进；也有的沿着地表滚动并迅速旋转。球状闪电的运动速度通常为 1～2m/s。它可以穿过门窗，常见的是穿过烟囱后进入建筑物；它甚至可以在导线上滑动，有时还发出"嗡嗡"的响声。多数球状闪电无声消失，有的在消失时有爆炸声，可能造成破坏，甚至使建筑物倒塌，使人和家畜死亡。球状闪电遇人、物后即发生惊人的爆炸，产生刺鼻的气味，造成伤亡、火灾等。

4. 带状闪电

带状闪电（见图 2.15）是由连续数次的放电组成的。在各次闪电之间，闪电路径受风的影响而发生变化，使得各次单独闪电互相靠近，形成一条带状。带状闪电的宽度约为 10m。带状闪电如果击中房屋，可以立即引起大面积燃烧。

图 2.14　球状闪电

图 2.15　带状闪电

5. 联珠状闪电

联珠状闪电（见图 2.16）看起来好像一条在云幕上滑行，或者穿出云层而投向地面的发光点的连线；也像一条闪光的珍珠项链。有人认为，联珠状闪电似乎是线状闪电到球状闪电的过渡形式。联珠状闪电往往紧跟在线状闪电之后，几乎没有时间间隔。

6. 枝状闪电

枝状闪电（见图 2.17）是较常见的闪电。枝状闪电多见分岔的枝条状闪电，而非平直的线条状闪电，其中的奥妙很多人都不了解。荷兰科学家解释，大气在放电过程中存在两种气体，因而大气在放电时如同两种不同黏度的液体混合，最终会产生分岔的枝条形状。

图 2.16　联珠状闪电

图 2.17　枝状闪电

2.4　地闪

2.4.1　地闪概述

地闪与地面建筑物、电信和电力输送等直接相关，其对人类造成的危害较其他闪电要大得多。1926 年，博尹斯（Boys）设计的一种旋转式相机揭示了地闪的结构、速度、发展时间等（见图 2.18）。

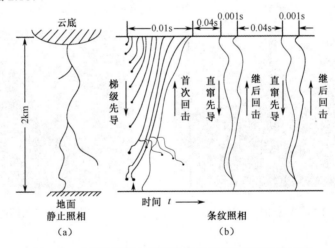

图 2.18　由博尹斯设计的旋转式相机观测到的地闪结构

1. 梯级先导

闪电的初始击穿：在图 2.19（a）和图 2.19（b）中，在含云大气开始击穿初期，积雨云下部通常有一个负电荷中心,与其底部的正电荷中心附近局部地区的大气电场强度达到 10^4V/cm 左右,此时该含云大气会初始击穿,负电荷向下中和掉正电荷,从云下部到云底部全部为负电荷区。

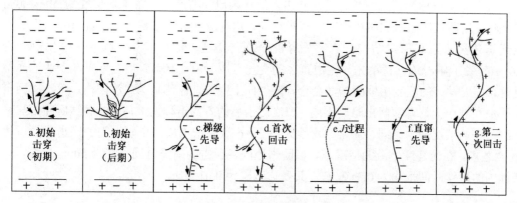

图 2.19　闪电放电过程中的电荷活动(Ogawa. T.,1993)

梯级先导过程:随着大气电场强度进一步增大,进入初始击穿后期,这时电子与空气分子发生碰撞,产生轻度的电离,从而形成负电荷向下发展的流光,并表现为一条暗淡的光柱像梯级一样逐级伸向地面,因此称之为梯级先导,如图 2.19(c)所示。在每个梯级的顶端发出较亮的光。梯级先导在电荷随机分布的大气中蜿蜒曲折地进行,并产生许多向下发展的分枝。梯级先导的平均传播速度为 3.0×10^5m/s 左右,其变化范围为 $1.0\times10^5\sim 2.6\times10^6$m/s,梯级先导由若干个单级先导组成,而单级先导的传播速度快得多,一般为 5×10^7m/s 左右,单个梯级的长度平均为 50m 左右,其变化范围为 30～120m。梯级先导通道的直径较大,变化范围为 1～10m。

电离通道:梯级先导向下发展的过程是一个电离过程,在电离过程中生成成对的正离子、负离子,其中,正离子被云中向下输送的负电荷不断中和,从而形成一个充满负电荷(对负地闪)的通道,其被称为电离通道或闪电通道,通常简称为通道。电离通道由主通道、流光和分叉通道组成。在闪电放电过程中,主通道起重要作用。

连接先导:当具有负电位的梯级先导到达地面附近,距离地面 10～100m 时,可形成很大的地面大气电场强度,使地面的正电荷向上运动,并产生从地面向上发展的正流光,这就是连接先导。连接先导大多发生于地面凸起物处。

2. 回击

当梯级先导与连接先导会合时,会形成一股明亮的光柱,沿着梯级先导所形成的电离通道由地面高速冲向云中,这称为回击,如图 2.19(d)所示。回击比梯级先导亮得多,回击的传播速度平均为 5×10^7m/s,在 $2.0\times10^7\sim2.0\times10^8$m/s 范围内变化。回击通道的直径平均为几厘米,其变化范围为 0.1～23cm。回击峰值电流强度可达 $10^4\sim10^5$A,因而发出耀眼的光亮并产生高温。回击过程将中和储存在梯级先导主通道和分枝中的负电荷,以及部分云底电荷。

由梯级先导到回击的过程称为首次回击过程。地面向上发展的反向放电,不仅具有电晕放电，而且具有强的正流光，它与下行先导会合，该会合点称为连接点。

3. 直窜先导

直窜先导也称为箭式先导。首次回击之后，闪电通道产生一条平均长度为 50m 的暗淡光柱，沿着首次回击的路径由云中直窜地面，这种流光称为直窜先导。直窜先导沿着电离通道传播，没有梯级结构。直窜先导的平均传播速度约为 2.0×10^6m/s，变化范围为 $1.0 \times 10^6 \sim 2.1 \times 10^7$m/s。直窜先导通道直径的变化范围为 $1 \sim 10$m。当直窜先导到达地面附近时，向上发展的流光由地面与其会合，产生向上回击，也就是第二次回击。第二次回击在能量和波形上与首次回击略有不同。产次回击后的各回击称为继后回击，继后回击与第二次回击的情况基本相同。通常一次地闪由 $2 \sim 6$ 次回击构成，个别地闪的回击次数可达 26 次之多。在无连续电流的情况下，多回击地闪各回击的间隔时间平均为 50ms 左右，一次地闪的持续时间平均为 0.2s 左右，其变化范围为 $0.01 \sim 2$s。

2.4.2 地闪的大气电场变化

在三极性雷暴模型中，云下部主要是负电荷，云底部的电场呈负极性，电场强度一般不超过 100V/cm。闪电时，地表正电荷作用产生一个强电场的正变化，电场强度可达 500V/cm 以上。对地闪的大量观测表明，在闪电通道中，每次放电过程都引起电场的突变，在这些突变之间，电场强度只是维持缓慢的变化。除先导和回击外，细致的放电过程也会引起电场强度变化。地闪引起的电场强度快变化可分别表示为 B 变化、I 变化、L 变化、R 变化、J 变化、K 变化、C 变化、M 变化和 F 变化。这些大气电场强度快变化所对应的放电过程则分别表示为 B 过程、I 过程、L 过程、R 过程、J 过程、K 过程、C 过程、M 过程和 F 过程。图 2.20 给出了照相机、电场仪记录的电场强度变化示意，它由一系列突发闪光和脉冲电场组成，可以看到在整个闪电期间，出现大幅度的电场强度增大和连续的电流增大。

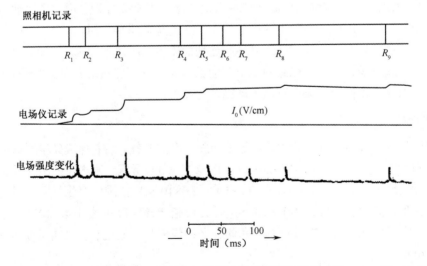

图 2.20 分立型多闪击照相机、电场仪记录的电场强度变化示意（Kitagawa 等，1962）

2.4.3　地闪的电学参量

地闪的电学参量主要包括每次闪电的回击次数（N）、闪电持续时间（T_g）、回击间隔（T_s）、回击峰值电流（I_p）、每次闪电的荷电量（C_g）、每次回击的荷电量（C_s）、出现峰值电流的时间（T_p）、电流上升速度（I_t）、电流半值时间（T_h）、连续电流持续时间（T_c）、连续电流（I_c）和连续电流荷电量（C_c）。

1. 地闪电流

地闪电流包括先导电流、回击电流、连续电流和后续电流等。此外，J 过程、K 过程和 M 过程也会形成相应的电流。

先导电流是，将云中荷电中心的电荷，输送并储存在先导通道中的持续电流。先导电流包括梯级先导电流和箭式先导电流。梯级先导电流的平均电流强度一般为 10^2A 左右，而单个梯级先导电流的电流强度可达 $5×10^2 \sim 2.5×10^3$A；箭式先导电流的平均电流强度约为 10^3A。

回击电流是幅度很大的脉冲电流，其峰值电流强度可以达到 $1×10^4 \sim 3.0×10^5$A。回击电流将储存在先导通道中的电荷输送到地面，并形成闪电通道的高温、高压和强电磁辐射等闪电物理效应。地闪回击电流的特征不仅与地闪类型和回击类型有关，而且与地形和土壤电导率等地理条件及不同气象条件有关。回击电流具有单峰形式的脉冲电流波形，电流波形的前沿十分陡峭，而电流波形的尾部变化较为缓慢。

连续电流是指 C 过程所形成的持续电流，其电流强度一般为 $1.5×10^2$A，其变化范围为 $30 \sim 1.6×10^3$A，持续时间为 $50 \sim 500$ms。通常，因为 M 过程在连续电流上叠加了一些脉冲电流，其峰值强度为 10^3A 量级。

后续电流是指 F 过程形成的持续电流，其电流强度一般为 10^2A 量级，持续时间为 $85 \sim 145$ms。

J 过程可形成相应的持续电流，其电流强度比连续电流强度小得多，因此，J 过程不发光。通常，因为 K 过程在 J 过程形成的持续电流上叠加了一些脉冲电流，其峰值电流强度为 10^3A 量级。

2. 地闪电荷和地闪电矩

地闪电荷主要包括：先导电流输送并储存在先导通道中的电荷，回击电流输送到地面的电荷，连续电流输送到地面的电荷，后续电流输送到地面的电荷，等等。首次回击的回击电荷比继后回击的回击电荷大数倍，而正回击的回击电荷比负回击的回击电荷大数倍。整个地闪过程输送到大地的地闪电荷的平均值为 20C 左右，变化范围为 $1 \sim 400$C。

地闪电矩即地闪前后积雨云的电矩变化，由云中荷电中心被输送到地面的电荷及其在地下的镜像电荷构成，表示为

$$M_g = 2Q_g H \tag{2.1}$$

式中，M_g 为地闪电矩，Q_g 为地闪输送到地面的电荷，H 是该电荷距离地面的高度。

地闪电矩主要包括：先导电流将云中电荷输送并储存在先导通道中所形成的等效电

矩，回击电流将电荷输送到大地所形成的电矩，连续电流将云中电荷输送到大地所形成的电矩，后续电流将云中电荷输送至大地所形成的电矩，等等。

3．地闪功率和地闪能量

地闪功率是指回击产生的峰值功率。它取决于回击峰值电流 I_{max} 及闪电通道上端与大地间的电位差 V，表示为

$$P = I_{max}V \tag{2.2}$$

地闪能量是指整个地闪过程所释放的电能，它取决于地闪电荷 Q_g 及闪电通道上端与大地间的电位差 V，表示为

$$W = \frac{1}{2}Q_g V \tag{2.3}$$

闪电通道上端与大地间的电位差 V 的取值范围为 $10^7 \sim 10^9$V。若取 $V=10^8$V，而回击峰值电流的典型值为 $I_{max}=10^4$A，代入式（2.2）可得到地闪功率为 10^{12}W。由此可见，地闪功率远远超过世界上任何一个发电厂的功率。

若全球每秒发生 50 次负地闪，则全球的地闪功率估计为 5×10^{13}W。考虑正地闪的地闪功率较负地闪大 10 倍，但地闪次数很少，因此估算的地闪功率可适当增大 50%，则输送到单位面积的功率约为 20W/km^2，仅为太阳辐射的 1/1000000。

如果闪电通道上端与大地间的电位差 $V=10^8$V，地闪电荷取典型值 $Q_g=20$C，则可得到地闪能量为 10^9J，因此其能量近似为 300kWh，可供 30 个 100W 的灯泡照明 100h，可见地闪功率虽然巨大，但其能量有限。

2.5 云闪

云闪包括云内闪电、云际闪电和云空闪电。自然界中大多数闪电是云闪，云闪的危害远小于地闪，但随着航空事业的发展，云闪对飞机、火箭、航天器等有巨大的危害。此外，多数云闪发生在云内，对它的观测较地闪难度更大，因此对它的研究也少于地闪。

2.5.1 云闪的结构

云闪包括初始流光过程、负流光过程和反冲流光过程，主要由初始流光过程和反冲流光过程构成放电过程。

初始流光过程：当云层上部正电荷中心附近局部区域大气电场强度达到 10^4V/cm 左右时，含云大气便会被击穿而形成连续发光的正流光，并持续向下方的负电荷中心发展，这一过程被称为初始流光过程。其持续时间约为 200ms，传播速度约为 10^4cm/s，持续电流强度为 100A 左右。

负流光过程：当初始流光到达下方的负电荷中心时，将形成不发光的负流光，并沿着

初始流光所形成的通道向相反方向发展，使负电荷中心与上方的正电荷中心相连接。这个过程与地闪中闪击间歇的 J 过程十分相似，所以也被称为 J 过程。其持续时间约为 100ms，持续电流强度一般不超过 100A。

反冲流光过程：在负流光与正流光相连接期间，出现时间间隔约为 10ms、持续时间约 1ms，并伴有明亮发光的强放电过程，这个过程被称为反冲流光过程。反冲流光过程是中和初始流光过程所输送并储存在通道中的电荷的主要过程，这个过程与地闪中闪击间歇的 K 过程十分类似，因此被称为 K 过程。反冲流光过程的传播速度比初始流光过程大 2 个量级，为 10^6cm/s 左右；峰值电流可达 10^3A；一次反冲流光过程中和的电荷为 0.5～3.5C，其电矩为 3～8C·km。

2.5.2　云闪的电场

在发生云闪时，近地面电场分为 3 个阶段。

初始阶段：具有大量较小振幅的脉冲，平均脉冲时间间隔为 680μs，云闪放电时间为 50～30ms。云闪与地闪初始阶段的主要不同是：云闪初始阶段的脉冲时间间隔和放电时间明显要比地闪的梯级先导的脉冲时间间隔和放电时间要长。云闪和地闪电场强度变化的不同表现在最初的 10ms，基于此预测闪电是云闪还是地闪的准确率达 95%。

活跃阶段：具有大量较大振幅的脉冲，电场强度迅速变化。但是，从初始阶段到活跃阶段电场特征没有明显的突变。

最后阶段：大气电场强度变化与地闪的 J 过程的电场强度变化类似，出现间歇脉冲。与活跃阶段明显不同，云闪的 J 过程的电场强度变化不是迅速变化，其是 J 过程叠加 K 过程引起的，并且反冲流光的 K 过程是主要起因。

第 3 章

闪电的物理特征

· · · · · · · ·

雷电过程伴随着强大的闪电电流，会引发剧烈的光电辐射、冲击波、雷声等物理现象。这些物理现象产生的光、电磁、声等效应是进行雷电监测与预警的重要依据。

3.1 闪电的光学特征

地闪的峰值电流一般为几万安培。强大的电流，使得通道的峰值温度高达数万摄氏度，从而聚集了大量中性分子、原子及电子、带正电荷的离子，形成典型的等离子体通道。

由于闪电的发生、发展具有随机性和瞬时性，因此人们难以对等离子体通道进行判断。光谱观测能在一定距离内获取等离子体通道内部的物理信息。通过对闪电光谱的分析，可以直接获得等离子体通道的温度和电子密度等反映等离子体基本特性的参数。由回击通道的温度和电子密度，又可以推算回击通道的电导率、压强、相对质量密度、电离百分率、同种粒子浓度等与回击通道放电特征有关的参数。

等离子体是一种带电粒子密度达到一定程度的电离气体，它主要由电子和带正电荷的离子组成，其中电子和带正电荷的离子的电荷总数基本相等，因而等离子体整体上是中性的。闪电的放电通道是一个典型的等离子体通道，高温通道中有中性的分子、原子及带正电荷的离子、带负电荷的电子等各种粒子。光谱所反映的正是这种等离子体中发生的物理过程。

闪电光谱的定量分析主要涉及电子密度和通道温度的研究。其一般基于以下假设：闪电通道对所研究的谱线而言满足光学薄条件；闪电通道处于局部热力学平衡（LTE）。局部热力学平衡是等离子体诊断的前提条件，只有等离子体满足局部热力学平衡，才能保证等离子体粒子的速度满足 Maxwell 分布，各带电离子和原子之间满足 Saha 分布，各能级服从 Boltzmann 统计分布，从而确定辐射量和等离子体各状态参数之间有明确物理意义的定量关系。

为了使局部热力学平衡条件成立，电子—原子和电子—离子的碰撞过程必须极为迅速，而且在等离子体速率方程中起主导作用。在这种情况下，只有电子密度足够大，系统才能达到局部热力学平衡。等离子体满足局部热力学平衡的必要条件是

$$N_e \geq 1.6 \times 10^{12} \times T_e (\Delta E)^3 \tag{3.1}$$

式中，N_e 是闪电通道等离子体的电子密度，ΔE 是所涉及能级间的能量差（单位为 eV），T_e 是电子温度。为保证各能级均满足上述条件，通常采用第一激发态和基态之间的能量差作为衡量标准。

在闪电等离子体通道中，NI、NII 的低激发态占主要地位，温度通常为 $2 \times 10^4 \sim 3 \times 10^4$K，$\Delta E$ 为 $10 \sim 30$eV。由式（3.1）可得：闪电等离子体通道满足局部热力学平衡的条件是电子密度一般为 $10^{17} \sim 10^{18}$ 个/cm³。对于闪电等离子体通道，采用 Stark 加宽法获得的等离子体的电子密度为 10^{17} 个/cm³ 左右，由此判断闪电等离子体通道基本上满足局部热力学平衡条件。

3.2　雷电的声学特征

雷电过程是大气能量瞬时释放的爆炸过程，因而会产生冲击波，其在传播过程中会迅速衰减成声波，即所谓的雷。根据观测，雷一般可分为两类：可闻雷，即能够听到的闪电声波；不可闻雷（次声波），即频率在几十赫兹以下的闪电声波。

3.2.1　雷的产生

闪电通道是一个温度高达 $10^4 \sim 10^5$K 的高温等离子体通道，通过其的时间只有几十微秒，由于温度迅速升高、压力迅速增大，等离子体迅速向外膨胀；强电流感应磁场对等离子体产生一个方向向内的束缚磁场压力。当电流变小到其感应产生的束缚磁场压力无法束缚住等离子体时，闪电通道迅速向外扩展，产生冲击波，并且其随着在大气中的传播逐渐衰减成声波，形成雷。

实验室模拟闪电的研究表明，在 1μs 内，1cm 火花通道释放的电能为 $0.1 \sim 1$J，放电功率达 $10^5 \sim 10^6$W，形成爆炸过程，同时产生冲击波，并以 $1 \sim 5$km/s 的速度向外传播。模拟研究表明，在火花放电的初始阶段，通道的径向扩展速度高达几千米每秒。同时，理论计算表明，闪电通道初始半径越小，闪电电流就越大，径向扩展速度也就越大。在地闪初始阶段，闪电通道的径向扩展速度可达 1.6km/s，远大于声波的传播速度。

3.2.2　雷的特点

雷与雷暴周围大气的流体力学性质有关。雷的一个重要特点是，它伴有难以听到的次

声波。观测表明，能够听到雷声的最远距离为 20～30km，这是因为大气温度随距离地面高度升高是递减的，这使雷在大气中传播时声线向上弯曲，形成折射。地闪通常产生最响的雷，雷声的最大传播距离约为 30km，用闪电和第一次雷声之间的时间差可以估算雷击位置与观测者之间的距离，大气湍流会降低雷声的可闻度，伴随强烈雷鸣的通常是倾盆大雨。

1964 年 Latham 在美国新墨西哥州进行的研究表明，低强度雷声的主雷持续时间为 0.1～2.2s，造成的气压振荡频率为 100Hz，并且各种雷声的相对振幅与其次序没有明显的相关性。Latham 还指出，初始雷声是压缩的，并且云闪和地闪具有类似的特征。一次雷声开始到下一次雷声开始的时间间隔一般为 1～3s，大部分为 1.5s，极少数达到 4s。对美国新墨西哥州中心海拔约 3km 的山顶 40 个云闪、地闪产生的雷声进行的研究表明，云闪在频率为 28Hz 处有雷声功率的平均峰值，平均总声能为 1.9×10^6J，范围为 1.8×10^6～3.1×10^6J；地闪在频率为 50Hz 处有雷声功率的平均峰值，平均总声能为 6.3×10^6J，范围为 1.1×10^6～1.7×10^7J。可以看出，云闪和地闪的总声能和频率谱之间存在明显的差异。

3.3 闪电的电场特征

雷暴产生强电流，进而会引起电场变化。雷暴在流场和重力场的作用下，正电荷、负电荷发生分离，并且在正电荷、负电荷之间产生电位差，从而产生电场，直到在一定的触发机制作用下，局地发生空气击穿引发一次闪电，中和部分电荷；之后正电荷、负电荷再次分离，电场重新建立，循环往复，直至雷暴消亡。

3.3.1 电荷结构

雷暴单体电荷由离子电荷、云滴电荷、冰晶电荷、降水粒子电荷组成。观测表明，典型雷暴单体具有三极性电荷结构，如图 3.1 所示。云体上部为主正电荷区，对应温度在-20℃左右，电荷浓度为 1×10^{-9}～3×10^{-9}C/m^3，电荷总量平均约为 24C。云下部为主负电荷区，在-5～0℃高度附近，电荷浓度为 -10×10^{-9}～-5×10^{-9}C/m^3，电荷总量约为-20C。在接近云底约 0℃高度附近还存在一个较弱的次正电荷区，电荷总量约为 0.5～4C。负电荷中心区域位于-25～-10℃高度附近，并且在该高度有较强的降水回波，同一个闪电不同回击的负电荷源不仅有垂直伸展位移，还有水平位移。对多普勒雷达资料和 VHF 辐射资料进行分析，电辐射源和上升气流区域相对应。上层正电荷中心区域出现在强降水回波区域边缘的上升气流内，而不是强降水回波区域内。负电荷中心区域的高度为 6～9.5km。

雷暴单体电荷结构较多呈现倾斜电偶结构。雷暴单体初始阶段，倾斜角达 30°，之后随着云体发展，电荷中心高度升高，倾斜角逐渐减小，接近垂直结构；在成熟阶段，电荷中心高度降低，倾斜角重新增大，最大可达 45°左右。结合探空观测资料可知，倾斜是高空风场切变所致，上层正电荷中心和中层电荷中心运动方向相反，从而导致倾斜。雷暴单体内同一高度上降水质点携带电荷的极性是相同的，并且该极性通常与该处的垂直电场极性有关。当电场强度大于零时，雨滴带正电荷；当电场强度小于零时，雨滴带负电荷。绝大部分雨滴的电荷量为 1.0×10^{-11}C 左右，少数雨滴的电荷量可达 $1.5 \times 10^{-10} \sim 2.0 \times 10^{-10}$C。

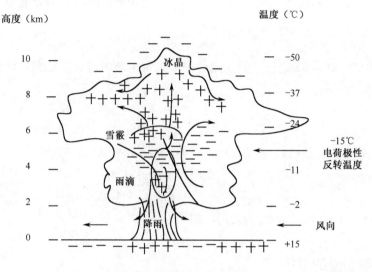

图 3.1　典型雷暴单体的三极性电荷结构

3.3.2　电场结构

雷暴中电场观测结果存在很大的差异。Gunn（1948）利用装在飞机上的电场仪观测了 9 次雷暴过程，得到平均电场强度为 300V/cm，最大电场强度达到 3400V/cm（出现在飞机遭受雷击之前）。

Moore（1974）测量发现，当雷暴过顶、地面降水发展时，地面电场会向正极性发展；当无降水雷暴过境时，地面电场会向负极性发展；当地面降水量达到最大时，地面电场正极性也达到最大。当雷暴处于消散阶段时，地面电场也向正极性发展，这是因为降雨将云下负电荷向下携带出云，使云上部正电荷向云下部移动。此外，当雷暴即将结束时，地面电场又向负极性发展，这是因为云下部的负电荷被挤出云外。

3.3.3　闪电时地面大气电场

对于地闪引起的地面垂直大气静电场的变化，若闪电电荷为 Q_g，测量站与地闪的水平距离为 D，电荷中心高度为 H，则由地闪引起的地面垂直大气电场变化的静电场分量为

$$E_{sg} = -\frac{1}{2\pi\varepsilon_0}\frac{2Q_g H}{(D^2+H^2)^{3/2}} \tag{3.2}$$

式中，$2Q_g H = M_g$ 为地闪电矩。若测量站距离闪电较远，即 $D \gg H$，则式（3.2）可以简化为

$$E_{sg} = -\frac{1}{4\pi\varepsilon_0}\frac{M_g}{D^3} \tag{3.3}$$

对于云闪（云上部为正电荷，云下部为负电荷）引起的地面垂直大气静电场的变化，若闪电电荷为 Q_c，则由云闪引起的地面垂直大气电场变化的静电场分量为

$$E_{sc} = 2Q_c\frac{1}{4\pi\varepsilon_0}\left[\frac{H_2}{(D_2^2 + H_2^2)^{3/2}} - \frac{H_1}{(D_1^2 + H_1^2)^{3/2}}\right] \tag{3.4}$$

式中，H_2、H_1 为云闪两端高度，若正电荷中心、负电荷中心垂直分布，且有 $D_1=D_2=D$，则式（3.4）变为

$$E_{sc} = 2Q_c\frac{1}{4\pi\varepsilon_0}\left[\frac{H_2}{(D^2 + H_2^2)^{3/2}} - \frac{H_1}{(D^2 + H_1^2)^{3/2}}\right] \tag{3.5}$$

若测量站距离闪电较远，有 $D_1 \gg H_1$，$D_2 \gg H_2$，则式（3.5）可化简为

$$E_{sc} = -\frac{2Q_c(H_1 - H_2)}{4\pi\varepsilon_0} = \frac{M_c}{4\pi\varepsilon_0} \tag{3.6}$$

式中，$2Q_c(H_1-H_2) = 2Q_c\Delta H = M_c$ 为云闪电矩。

3.3.4　闪电通道的电场

如图 3.2 所示，考虑荷电的垂直方向改变，所形成的电偶极矩可表示为

$$M = 2\int_{H_B}^{H_T} \rho_L(z')z'\mathrm{d}z' \tag{3.7}$$

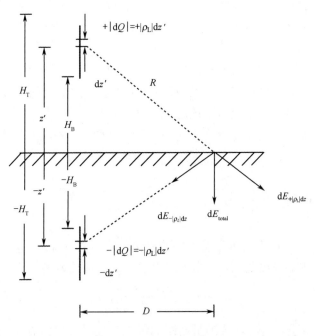

图 3.2　闪电通道的电场

式中，$\rho_L(z')$是垂直线单位长度的荷电量，H_B 和 H_T 分别为垂直线的下界和上界。下面考虑荷电线段长度为 D 时产生的电场，若荷电线段上微元 dz' 的荷电量为 $\rho_L(z')dz'$，并将其等同于点电荷，则当荷电线段长度为 D 时产生的电场为

$$dE_{+\rho_L dz} = \frac{\rho_L(z')z'dz'}{4\pi\varepsilon_0(z'^2+D^2)} \tag{3.8}$$

考虑径向荷电线段产生的电场，则总电场为

$$dE_{\text{total}} = \frac{2\rho_L(z')z'dz'}{4\pi\varepsilon_0(z'^2+D^2)} \tag{3.9}$$

如果荷电线段产生的电场为正，则电场与地表垂直，方向向下。整个荷电垂直线段产生的总电场可以通过积分求得，为

$$E_{\text{total}} = \int_{H_B}^{H_T} \frac{2\rho_L(z')z'dz'}{4\pi\varepsilon_0(z'^2+D^2)} \tag{3.10}$$

若 $(z'/D)\ll1$，则式（3.10）可改写为

$$E_{\text{total}} = \frac{2QH}{4\pi\varepsilon_0 D^3} = \frac{M}{4\pi\varepsilon_0 D^3} \tag{3.11}$$

现讨论如何计算均匀荷电垂直线段的电场，这种均匀荷电包括梯级先导、回击和某些云地放电过程，对式（3.10）积分就得到均匀荷电垂直线段产生的电场，即

$$E_{\text{total}} = \frac{2\rho_L}{4\pi\varepsilon_0}\left[\frac{l}{(D^2+H_B^2)^{1/2}} - \frac{l}{(D^2+H_T^2)^{1/2}}\right] \tag{3.12}$$

式中，ρ_L 是常数。现考虑一个简单的先导模式，如果梯级先导具有同样极性的电荷，先导荷电就如它伸展的长度在一个体积荷电中心减小。如果先导长度为 l，荷电中心的高度为 H，则荷电中心可以看成一个点电荷，或者看作荷电中心高度为 H 的球形对称荷电分布，则可求得由于荷电中心内电量的减小而引起的地面电场的变化为

$$\Delta E_S = -\frac{2\rho_L lH}{4\pi\varepsilon_0(D^2+H_z^2)^{3/2}} \tag{3.13}$$

式中，$\rho_L l$ 是体积荷电中心内电量的减小。

通常，梯级先导和先导的某些范围可以近似看作荷负电荷的先导自球形对称负荷电体向下运动。设先导的顶端为电荷中心，其高度为 H，则在式（3.12）和式（3.13）中，$H_T=H$，$l=H-H_B$，由于荷电中心内电量减小和先导延伸，由式（3.12）和式（3.13）得到总电场的改变为

$$\Delta E = -\frac{2|\rho_L|}{4\pi\varepsilon_0}\left[\frac{l}{(1+H_B^2/D^2)^{1/2}} - \frac{l}{(1+H^2/D^2)^{1/2}} - \frac{H-H_B}{D}\frac{H}{D}\frac{l}{(1+H^2/D^2)^{3/2}}\right] \tag{3.14}$$

式中，在梯级先导初始时刻，即当 $t=0$ 时，有 $H_B=H$。随着时间延长，H_B 减小，直至梯级先导到达地面时，$H_B=0$。如果梯级先导的速度 v 为常数，式（3.14）中的变量 H_B 用 $H-vt$ 代替，即 $l=vt$。观测表明，在距离梯级先导较近处，电场的改变是负值；而在距离梯级先导较远处，电场的改变为正值。当 $H/D=1.27$ 时，梯级先导在接触地面后，$H_B=0$，电场的改变为 0；当 H/D 较大时，电场的改变为负值；当 H/D 较小时，电场的改变为正值。如

果略去高于$(H/D)^2$的高阶项，则得到

$$\Delta E = \frac{|\rho_L| l^2}{4\pi\varepsilon_0 D^3} = \frac{|\rho_L| v^2 t^2}{4\pi\varepsilon_0 D^3} \tag{3.15}$$

对于云中正电荷中心的先导电场改变为正值的求取，可以用上面类似的方法将先导看作荷正电荷的方法求得。

下面考虑负电荷中心向上运动的负电荷先导。这种放电的可能情况是，在云内先导从 N 区域朝向 P 区域放电。对于这种情况，式（3.12）和式（3.13）中 $H_B=H$，$l=H_T-H$，则合成电场的改变为

$$\Delta E = -\frac{2|\rho_L|}{4\pi\varepsilon_0}\left[\frac{l}{(1+H_B^2/D^2)^{1/2}} - \frac{l}{(1+H_T^2/D^2)^{1/2}} - \frac{H_T-H}{D}\frac{H}{D}\frac{1}{(1+H^2/D^2)^{3/2}}\right] \tag{3.16}$$

式中，当 $t=0$ 时，$H_T=H$，并且 H_T 随时间的延长增大。在距离先导放电较近处，电场的改变是正值；而在距离先导放电较远处，电场的变化是负值。

3.4　闪电的磁场特征

闪电的瞬时电流会引起极强的电磁辐射和较大的电场变化。一方面，其会影响环境中电子设备的正常工作；另一方面，闪电的磁场特征为人们提供了闪电探测的重要信息，通过分析闪电的磁场特征变化可以获得反映起电、击穿等基本物理机制的闪电电流、电矩，以及云中电荷分布等各种信息参量，这对闪电的定位和预警有重要的指示意义。闪电放电时辐射的宽频电磁脉冲可以覆盖极低频到超高频的范围。

3.4.1　闪电的磁场变化

闪电所引起的大气磁场方向垂直于大气电场方向，由闪电引起的地面水平大气磁场随时间的变化表示为

$$M_c(t) = H_i(t) + H_r(t) \tag{3.17}$$

式中，$H_i(t)$ 是大气感应磁场分量，$H_r(t)$ 为大气感应辐射分量，两者可分别表示为

$$H_i(t) = \frac{1}{4\pi\varepsilon_0}\frac{1}{R^2}\frac{\mathrm{d}M(t-R/c)}{\mathrm{d}t} \tag{3.18}$$

$$H_r(t) = \frac{1}{4\pi\varepsilon_0}\frac{1}{cR}\frac{\mathrm{d}^2M(t-R/c)}{\mathrm{d}t^2} \tag{3.19}$$

闪电引起的地面水平大气磁场随时间变化的辐射分量正比于电矩对时间的二次微商，反比于与闪电的距离。

大气磁感应强度与大气磁场随时间变化的关系为

$$B(t) = \mu_\alpha M_c(t) \tag{3.20}$$

式中，μ_a 是大气磁导率，它与大气介电常数 ε_a 的关系为

$$c^2 = \frac{1}{\mu_a \varepsilon_a} \tag{3.21}$$

将式（3.17）～式（3.19）代入式（3.20）得到大气磁感应强度为

$$B(t) = \frac{1}{4\pi \varepsilon_0^2} \left[\frac{1}{c^2 R^2} \frac{dM(t-R/c)}{dt} + \frac{1}{c^3 R} \frac{d^2 M(t-R/c)}{dt^2} \right] \tag{3.22}$$

式中，假定大气介电常数 ε_a 与自由空间的介电常数 ε_0 近似相等。

3.4.2　闪电通道的静磁场

闪电的电荷运动构成了电流，这种电流的产生引发了磁场，在地面上就观测到这种磁场。下面以一种简单的模式讨论闪电在放电过程中由于电流流动引发的静磁场。这里把电流理想化为垂直的地集中在一根携带电流的线上，如图 3.3 所示，电流为 I、长为 dz 的线元在距离 r 处产生的磁通量密度 dB 写为

$$dB = \frac{\mu_0 I dz}{4\pi r^2} (\alpha_1 \times \alpha_r) \quad （单位：Wb/m^2） \tag{3.23}$$

式中，α_r 是一单位分量，方向沿 r 指向外；α_1 也是一单位分量，指向通过 dz 的电流方向；μ_0 是真空磁导率。如果电流垂直向上流动，则 D 点的磁通量密度矢量指向书里。

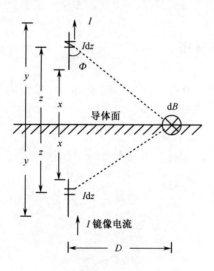

图 3.3　雷电流的静磁场

由于 $I dz$ 在 D 点产生的磁通量密度为

$$dB = \frac{\mu_0 I dz}{4\pi} \cdot \frac{D}{(z^2 + D^2)^{3/2}} \tag{3.24}$$

$$|\alpha_1 \times \alpha_r| = \sin\phi = \frac{D}{(z^2 + D^2)^{1/2}} \tag{3.25}$$

对式（3.25）求积分得出由于电流通过垂直线段 x-y 而产生的总磁通量密度，并考虑

镜像电流的作用，得到

$$B = \frac{\mu_0 I}{2\pi R}\left[\frac{y}{(y^2 + D^2)^{1/2}} - \frac{x}{(x^2 + D^2)^{1/2}}\right] \tag{3.26}$$

电流在高度 H 的电荷中心与地之间，则式（6.26）变为

$$B = \frac{\mu_0 I}{2\pi D}\frac{H}{(H^2 + D^2)^{1/2}} \tag{3.27}$$

在距离放电很近处，有 $D \ll H$，则式（3.27）变为

$$B \cong \frac{\mu_0 I}{2\pi D} \tag{3.28}$$

在距离放电很远处，则式（3.26）又可写为

$$B \cong \frac{\mu_0 I H}{2\pi D} \tag{3.29}$$

位于导体上面 H 处的电荷 Q 与其径向电荷之间的偶极矩定义为

$$M = 2IH \tag{3.30}$$

当正电荷流向地面时，电流等于源电荷的改变率，因此有

$$\frac{\mathrm{d}M}{\mathrm{d}t} = 2IH \tag{3.31}$$

根据式（3.29）、式（3.31）得

$$B \cong \frac{\mu_0}{4\pi D}\frac{\mathrm{d}M}{\mathrm{d}t} \tag{3.32}$$

3.4.3 闪电磁场的时间变化

根据自由空间的麦克斯韦方程，在体电荷密度 ρ（单位为 $\mathrm{C/m^3}$）、体电流密度 J（单位为 $\mathrm{A/m^2}$）已知的情况下，利用标量势和矢量势得到一般解。

在图 3.4 中：

$$E(r_s, t) = -\nabla\phi - \partial A/\partial t \tag{3.33}$$

$$B(r_s, t) = \nabla\phi \times A \tag{3.34}$$

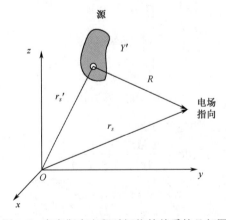

图 3.4　麦克斯韦方程时间依赖关系的几何图

在式（3.33）和式（3.34）中，标量势为

$$\phi(r_s,t)=\frac{1}{4\pi\varepsilon_0}\int\frac{\rho(r_s',t-R/c)}{R}\mathrm{d}V \tag{3.35}$$

矢量势为

$$A(r_s,t)=\frac{\mu_0}{4\pi}\int\frac{J(r_s',t-R/c)}{R}\mathrm{d}V \tag{3.36}$$

洛仑兹条件为

$$\nabla\cdot A+\frac{1}{c^2}\frac{\partial\phi}{\partial t}=0 \tag{3.37}$$

如图 3.5 所示，由于偶极电流只有 z 分量，则由式（3.36）产生的矢量势也只有 z 分量，即

$$\mathrm{d}A=\frac{\mu_0}{4\pi}\frac{I(z',t-R/c)}{R}\mathrm{d}z'\alpha_z \tag{3.38}$$

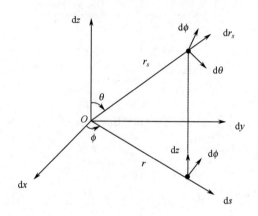

图 3.5　矢量势各方向分量示意

如果采用球坐标系统，以电偶极子为坐标原点，正交单位分量为 α_R、α_θ 和 α_ϕ，则式（3.38）式可写为

$$\mathrm{d}A(R,t)=\frac{\mu_0\mathrm{d}z'}{4\pi}\left[I(z',t-R/c)\frac{\cos\theta}{R}\alpha_R-I(z',t-R/c)\frac{\sin\theta}{R}\alpha_\theta\right] \tag{3.39}$$

对式（3.39）求旋度，可得

$$\nabla\times\mathrm{d}A=\frac{\mu_0\mathrm{d}z'}{4\pi}\left[-\frac{\sin\theta}{R}\frac{\partial I(z',t-R/c)}{\partial R}+\frac{\sin\theta}{R^2}I(z',t-R/c)\right]\alpha_\phi \tag{3.40}$$

使用等式

$$\frac{\partial I(z',t-R/c)}{\partial R}=-\frac{1}{c}\frac{\partial I(z',t-R/c)}{\partial t} \tag{3.41}$$

由式（3.34）和式（3.40）可以得到电偶极矩的磁通量密度为

$$\mathrm{d}B=\frac{\mu_0\mathrm{d}z'}{4\pi}\sin\theta\left[\frac{\partial I(z',t-R/c)}{\partial R^2}+\frac{1}{cR}\frac{\partial I(z',t-R/c)}{\partial t}\right]\alpha_\phi \tag{3.42}$$

3.4.4　闪电通道的电磁辐射

1. 地面处闪电通道的电磁场

如图 3.6 所示，可将闪电通道看成一个垂直天线，考虑闪电通道上电流为 $I(z,t)$ 无限小的、长度为 dz 的垂直电偶极矩，则在距离闪击落点 D 处观测到的电磁辐射为来自上部闪击通道和下部镜像部分的电磁辐射之和，也就是说距离闪电 D 处的垂直电场分量和水平磁场分量都是时间的函数，分别为

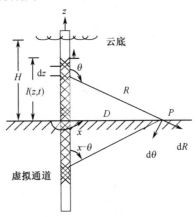

图 3.6　闪电通道的电磁辐射

$$E_s(D,t) = \frac{1}{2\pi\varepsilon_0}\int_0^H \frac{(2-3\sin^2\theta)}{R^3}\int_0^t I(z,t-R/c)\mathrm{d}\tau\mathrm{d}z +$$

$$\frac{1}{2\pi\varepsilon_0}\int_0^H \frac{(2-3\sin^2\theta)}{cR^2}I(z,\tau-R/c)\mathrm{d}z - \frac{1}{2\pi\varepsilon_0}\int_0^H \frac{\sin^2\theta}{c^2R}\frac{\partial I(z,\tau-R/c)}{\partial t}\mathrm{d}z \quad (3.43)$$

$$B_\phi(D,t) = \frac{\mu_0}{2\pi}\int_0^H \frac{\sin\theta}{R^2}I(z,\tau-R/c)\mathrm{d}z + \frac{\mu_0}{2\pi}\int_0^H \frac{\sin\theta}{cR}\frac{\partial I(z,\tau-R/c)}{\partial t}\mathrm{d}z \quad (3.44)$$

式中，ε_0 和 μ_0 分别是自由空间介电常数和磁导率，H 是云层高度，$R=(D_2+H_2)/2$。

在式（3.43）中，右端第一项是静电场，右端第二项是感应磁场，右端第三项是电磁辐射场。在式（3.44）中，右端第一项是感应磁场，右端第二项是电磁辐射场。

2. 大气空间的闪电通道电磁场

如图 3.7 所示，在柱坐标系中，对于来自高度 z' 处的通道垂直部分无穷小量 $\mathrm{d}z'$，当 $z=0$ 时，即针对闪电电流 $I(z',t)$ 在地面的电场与磁场的计算有

$$E(r,\phi,0,t) = \frac{1}{2\pi\varepsilon_0}\left[\int_{H_B}^{H_T} \frac{2z'^2-r^2}{R^5}\int_0^t I\left(z',\tau-\frac{R}{c}\right)\mathrm{d}\tau\mathrm{d}z' + \right.$$

$$\left. \int_{H_B}^{H_T} \frac{2z'^2-r^4}{cR^4}I\left(z',t-\frac{R}{c}\right)\mathrm{d}z' - \int_{H_B}^{H_T} \frac{r^2}{c^2R^3}\frac{\partial I\left(z',t-\frac{R}{c}\right)}{\partial t}\mathrm{d}z'\right]\alpha_z \quad (3.45)$$

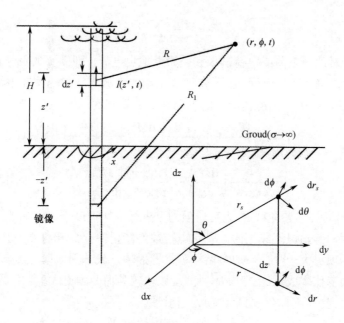

图 3.7　回击电磁场各参量的几何关系

此处 z 分量垂直于地面。

$$B(r,\phi,0,t)=\frac{\mu_0}{2\pi}\left[\int_{H_{\mathrm{B}}}^{H_{\mathrm{T}}}\frac{r}{R^3}I\left(z',t-\frac{R}{c}\right)\mathrm{d}z'+\int_{H_{\mathrm{B}}}^{H_{\mathrm{T}}}\frac{r}{cR^2}\frac{\partial I\left(z',t-\frac{R}{c}\right)}{\partial t}\mathrm{d}z'\right]\alpha_\phi \qquad (3.46)$$

此处 ϕ 分量平行于地面。

因此，可得电流的表达式为

$$I(t)=\frac{2\pi cr}{\mu_0 v}B_\phi\left(t+\frac{r}{c}\right) \qquad (3.47)$$

由此可以看出，通道内的电流波形与远区的电磁场波形是类似的。

在式（3.45）中，对电流（通过 $\mathrm{d}z'$ 输送的电荷）的积分项称之静电场项，其主要取决于距离。距离偶极电荷越近，静电场分量越重要，电流的导数项称为辐射项；距离偶极电荷越远，辐射场分量越重要，含有电流的项称为感应项。式（3.46）右端第一项被称为感应项，当与偶极电荷的距离较近时，它是主要的；右端第二项被称为辐射项，其在距离偶极电荷较远时是主要的。在图 3.7 中，理想导体地表面的作用可假想在平面之下有虚拟电流，只要将式（3.45）和式（3.46）中的 z' 和 R 分别用 $-z'$ 和 R 代替就可得到虚拟电流的电磁场，一旦通道上所切割段和它的虚拟段的电场表达式确定，总通道的电磁场就可以通过对通道的积分求取。

3. 用电矩表示的随时间变化的电磁场

若将雷暴云中的电荷分布看成一个总的电偶极矩，即将单个电荷或电荷群与其镜像构成的偶极矩加起来得到一个总的电偶极矩：

$$M = 2\sum_i Q_i H_i \tag{3.48}$$

式中，求和是指对地面电荷或电荷群求和。如果是负电荷，则需要加负号。如果与闪电的距离 R 远大于闪电的尺度，而且由于 M 变化引起的电流大小和相位在电流通道上必须不变，同时 H_i 不变，则单个辐射体产生的电场和磁通量密度近似为

$$E = \frac{M}{4\pi\varepsilon_0 R^3} + \frac{1}{4\pi\varepsilon_0 cR^2}\left(\frac{\mathrm{d}M}{\mathrm{d}t}\right) + \frac{1}{4\pi\varepsilon_0 c^2 R}\left(\frac{\mathrm{d}^2 M}{\mathrm{d}t^2}\right) \tag{3.49}$$

$$B = \frac{\mu_0}{4\pi\varepsilon_0 R^2}\left(\frac{\mathrm{d}M}{\mathrm{d}t}\right) + \frac{\mu_0}{4\pi\varepsilon_0 cR}\left(\frac{\mathrm{d}^2 M}{\mathrm{d}t^2}\right) \tag{3.50}$$

式中，c 表示光速。式（3.49）右边第一项为已进行了场速度修正之后的静电场项；右边第二项为感应项，其与电流成正比，表示电抗性的能量储存，其与 R^2 成反比，当 R 较大时，其比静电场项更大一些；右边最后一项是辐射项，表示闪电以光速向外传播的能量，其与电流的时间变化率成正比，当 R 较大时，该项较其他两项更大，是主要项。在式（3.50）中，右端第一项为感应项，右端第二项为辐射项。

3.5 地闪的电流特征与电路模型

3.5.1 雷电流波形

雷电的主放电通道可以长达数千米，在实际工程中通常把雷电的主放电过程看作一个沿波阻抗为 Z_0 的主放电通道流动的波过程，该流动波的电流幅值如果为 I_0，那么相应的电压幅值为 $I_0 Z_0$。当此流动波到达雷击点时，受到雷击点电阻 R_0 的影响，会发生波形的折射和反射。当 $R_0 = Z_0$ 时，不会发生折射和反射，此时雷击点的电流为 I_0；而当 $R_0 \ll Z_0$ 时，流动波将会发生反射，此时雷击点的电流为 $2I_0$。在实际的雷电流测量中，雷击点一般满足后面一个条件，所以实际工程中所指的雷电流幅值 I（简称雷电流）均为主放电通道传输的流动电流波幅值的 2 倍。

雷电流幅值一般定义为：雷电的脉冲电流达到的最大值，该值在不同地方差异很大。我国雷电流幅值的经验计算公式为

$$\ln P = -\frac{I}{108} \tag{3.51}$$

式中，P 表示雷电流超过 I（单位：kA）的概率。雷电流幅值与雷云中存储的电荷多少、雷电活动的频繁程度有关。在我国平均雷暴日数大于 20 天的地区测得，雷电流幅值的概率曲线可以表示为

$$\ln P = -\frac{I}{88} \tag{3.52}$$

例如，当 I=88kA 时，可以求得 P=10%，即每年 100 次雷电大约平均有 10 次雷电流

幅值超过 88kA。

在平均雷暴日数为 20 天及其以下的地区，即除陕南以外的西北地区及内蒙古的部分地区，雷电流的概率可以表示为

$$\ln P = -\frac{I}{44} \tag{3.53}$$

雷电流幅值随各国气象条件的不同而相差很大，但是各国测得的雷电流的波形是基本一致的。雷电流具有电流的一切效应，不同的是它在短时间内以脉冲形式出现，具有单极性的脉冲波形。其中，80%～90%的雷电流是负极性的。如图 3.8 所示为一个典型的雷电流波形。

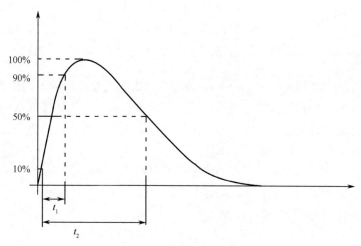

图 3.8　典型的雷电流波形

单极性雷电流脉冲波形可表示为 t_1/t_2，在 IEC 62305 中，雷电流的波形被划分为 3 类：短时首次雷击波形，取 t_1/t_2=10/350，代表波头时间为了 10μs，波长时间为 350μs；首次以后的雷击（后续雷击）波形，取 t_1/t_2 =0.25/100；长时间雷击波形，即持续时间为 0.5ms 的方波。

波头（峰值时间 t_1）：是指雷电的脉冲电流上升到雷电流幅值的时间，一般为 1～5μs，国际标准规定为 1.2μs。

波长（半峰时间 t_2）：是指雷电的脉冲电流持续到波形曲线衰减到雷电流幅值一半所需要的时间，一般为 20～100μs。例如，1.2/50μs 的半峰时间反映了雷电作用的持续时间，半峰时间较长的雷电易产生火灾。

陡度（电流上升率）：雷电流随时间延长的变化率，用雷电流幅值和波头的比值来表示平均陡度，如 $a = I_m/1.2$（单位：kA/μs）。陡度（电流上升率）反映了雷电的脉冲电磁辐射的作用大小，其在当今雷电灾害研究和雷电防护方面特别重要。考虑到微电子设备的防雷及易燃易爆物仓库的防火等，在日常应用中需要特别重视这个参数。

自 1941 年 BG 模型出现以后，业界相继研制了各种工程模型。这些工程模型具有不同的特点和应用范围，总体来说主要分为两大类，即传输线（TL）模型和传输电流源（TCS）模型。每类模型中的各种雷击模型在各自的领域内都在不断发展。

3.5.2 传输线（TL）模型

传输线模型的基本思想是，将雷电回击电流看作在放电通道的底部注入了一个特定的基电流，该基电流沿着放电通道向上传播，形成了回击电流。主要的传输线模型有以下 5 种。

1. Bruce 和 Golde 模型

Bruce 和 Golde（1941）提出了地闪回击电流的双指数表达式。Bruce 和 Golde 模型中，假定回击电流波顶端高度以下电流是均匀的，即

$$\begin{cases} I(z,t) = I(0,t), & z \leqslant 1 \\ I(z,t) = 0, & z > 1 \end{cases} \tag{3.54}$$

2. 传输线模式

1964 年，Dennis 和 Pierce 发现，在放电通道中回击电流波顶端向上的传播速度较 Bruce 和 Golde 模型中的小，故认为放电通道中无转移电荷分布。传输线模式认为，主放电发生后，电流从先导通道的底部以一定的速度沿放电通道无衰减地向上传播，放电通道被认为是理想的传输线。放电通道电流表达式为

$$\begin{cases} I(z',t) = I(0,t - z'/v), & z' \leqslant vt \\ I(z',t) = 0, & z' > vt \end{cases} \tag{3.55}$$

式中，z' 表示电流高度，v 表示回击速度。

3. Lin 模型

Lin 等（1980）根据试验资料对上述两个模型（式）进行检验，结果发现对于继后回击，上述两个模型（式）并不适合。为此，Lin 等提出一个新的回击模型。该模型有 3 个电流分量。

（1）在回击电流波顶端向上传播的爆发性脉冲电流：具有回击电流波的速度，但速度不易确定，假定为一常数，即 $10^8 \mathrm{m/s}$。

（2）均匀电流：决定电流 I_u，当电场是静电场时，在近闪电发生区测量电场变化为 $\mathrm{d}E/\mathrm{d}t$，则可计算得到 I_u，即

$$I_\mathrm{u} = -\frac{2\pi\varepsilon_0 (H^2 + D^2)^{3/2}}{H} \frac{\mathrm{d}E(D,t)}{\mathrm{d}t} \tag{3.56}$$

式中，D 是观测站与闪电之间的距离，H 是继后回击通道的高度。

（3）电晕电流：电晕电流是储存在先导通道内的电荷径向向内和向下移动引起的。可以将电晕电流想象为沿通道分布的若干电流源。每当回击峰值脉冲电流达到电流源高度时，每个电流源转向。在每个电流源高度上，进入通道的电晕电流是相等的，但其大小随高度成指数下降。

4. MTLE 模型

MTLE 模型是改进的传输线模式。由于传输线模式不认为有净电荷从先导通道中被汲

出、中和，所以用它计算长时间的电场不切实际。Nucci 等对传输线模式进行了修订，考虑了回击期间电晕电荷分布、静电荷汲出和中和，于 1988 年提出了 MTLE 模型。MTLE 模型认为，通道电流随通道高度成指数衰减，因此引入了衰减系数 $e^{-z'/\lambda}$。回击通道电流 $I(z',t)$ 表示为

$$\begin{cases} I(z',t) = e^{-z'/\lambda} I(0, t - z'/v), & z' \leqslant vt \\ I(z',t) = 0, & z' > vt \end{cases} \tag{3.57}$$

式中，λ 是电流衰减常数，根据 Lin 等人的试验数据，通常取 2000m。

MTLE 模型中还考虑了高度衰减常数 λ_c，Nucci 等考虑了电荷从先导通道中汲出、中和的过程，从回击电流波前通过开始，一直持续到由此产生的电晕电流到达大地为止。

5. MTLL 模型

Rakov 等也对传输线模式进行了修订，提出了 MTLL 模型。MTLL 模型将雷电回击电流看作在放电通道底部注入了一个特定的基电流，该基电流沿着放电通道向上传播，形成回击电流，且电流按线性规律衰减，雷电通道电流的时空分布 $I(z',t)$ 由通道基电流 $I(0,t)$ 和波前向上传播的速度 v 来确定。MTLL 模型还认为通道电流随通道高度增大成线性衰减，故引入了衰减系数 $1 - z'/H$。回击通道电流 $I(z',t)$ 的计算公式为

$$\begin{cases} I(z',t) = \left(1 - \dfrac{z'}{H}\right) I(0, t - z'/v), & z' \leqslant vt \\ I(z',t) = 0, & z' > vt \end{cases} \tag{3.58}$$

式中，z' 表示电流高度，H 为雷电放电通道的高度，v 表示回击速度，t 表示时间。

3.5.3 传输电流源（TCS）模型

1. 传输电流源模式

Heidler 于 1985 年提出了行波电流源（TCS）模式。该模式认为电流沿放电通道以光速向下传播，其不合理之处在于电荷不可能被瞬时吸收到雷击头。传输电流源模式假设主放电以一定速度向上传播。当主放电波头到达放电通道中的点 z' 时，该点的电荷瞬时产生放电，并且放电电流无衰减地以光速向下传播。点 z' 处产生的电流经过时间 $t = z'/c$ 后到达地面，即

$$\begin{cases} I(z',t) = I(0, t + z'/c), & z' \leqslant vt \\ I(z',t) = 0, & z' > vt \end{cases} \tag{3.59}$$

当传输电流源模式中的放电电流以无限大速度向下传播时，其得到的结果和 BG 模型得到的结果一致。同样地，传输电流源模式中也存在波头处电流不连续的情况。

2. DU 模型

结合传输电流源模式等，Diendorfer 和 Uman 于 1990 年提出了 DU 模型。DU 模型采用传输电流源模式的基本思想，即通道在先导阶段积累的电荷在主放电波头到达

时放电，该放电电流以光速向下传播。该放电不像传输电流源模式中那样瞬时完成，而是以指数衰减形式进行。同时，DU 模型将通道电流分成两部分，通道中心电荷产生的快速放电电流（时间常数较小）、通道外层电荷产生的电晕电流（时间常数较大），即

$$\begin{cases} I(z',t) = I(0, t + z'/c) - I(0, z'/v^*) \mathrm{e}^{-(t-z'/v)/t_D}, & z' \leqslant vt \\ I(z',t) = 0, & z' > vt \end{cases} \tag{3.60}$$

3.6 雷电通道底部的电流模型

对于不同的雷电工程模型，雷电通道基电流的模型可以是相同的。常用的雷电通道底部的电流模型有 3 种，即双指数函数模型、霍得勒（Heidler）函数模型和脉冲函数模型。

3.6.1 双指数函数模型

双指数函数是 1941 年由 Bruce 和 Golde 提出的，其表达形式十分简单，便于进行微分和积分运算，而且能够反映测得的雷电通道底部电流的主要参数。在国际电报电话咨询委员会（CCITT）推荐的防雷标准中，双指数函数被作为雷电流理论计算的表达式，即

$$I(0,t) = \begin{cases} 0, & t < 0 \\ \dfrac{I_0}{\eta} \left[\mathrm{e}^{-\alpha t} - \mathrm{e}^{-\beta t} \right], & t \geqslant 0 \end{cases} \tag{3.61}$$

式中，常数项 η 表示雷电流幅值计算的修正因子；β 表示雷电流波头时间的倒数，即雷电流波形上升时间因子；α 表示雷电流波尾时间的倒数，即雷电流波形衰减因子；雷电流幅值用 I_0 表示。

有关规范详细规定了雷电流的波形，直击雷的计算使用 10/350μs 波形，感应过电压的计算使用 8/20μs 波形，则波头时间 τ_1 分别为 10μs 和 8μs，波尾时间 τ_2 分别为 350μs 和 20μs，在计算中即可选取 $\alpha = 1/\tau_2$，$\beta = 1/\tau_1$，雷电流幅值可以按照计算需要选取。此处取雷电流幅值为 20kA，得到的雷电流波形如图 3.9 所示。

3.6.2 霍得勒（Heidler）函数模型

Heidler 函数是 Heidler 于 1985 年提出的。霍得勒函数模型具有优于双指数函数模型的特点，它在 0 时刻的电流导数为 0，与观测到的首次回击电流的波形是一致的。10 阶 Heidler 函数已经成为国际电工委员会（IEC）关于雷电流解析表达式的标准（1995 年），在各种关于雷电流的计算中都有广泛的应用，其解析表达式为

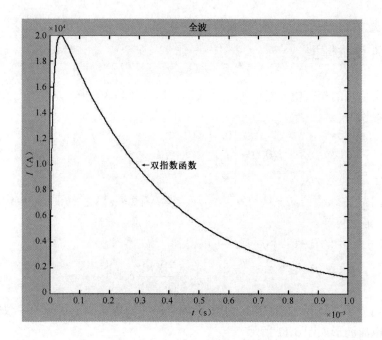

图 3.9 双指数函数雷电流波形

$$I(0,t) = \left(\frac{I_0}{\eta}\right)\left[k_s^n / (1 + k_s^n)\right] \mathrm{e}^{-t/\tau_2} \tag{3.62}$$

式中，常数项 η 表示雷电流幅值计算的修正因子，通常 $\eta \approx 1$；雷电流幅值用 I_0 表示，$k_s^n = t/\tau_1$，$n = 10$。Heidler 函数雷电流波形比较符合雷电流的实际规律，在目前的雷电流计算中具有较为广泛的应用，对于直击雷（$10/350\mu s$）和感应过电压的计算（$8/20\mu s$）都比较适用。Heidler 函数雷电流波形如图 3.10 所示。

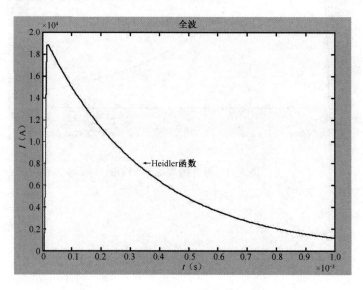

图 3.10 Heidler 函数雷电流波形

3.6.3 脉冲函数模型

为了便于后续的相关电磁场计算，有人提出用式（3.63）来表达雷电流波形，即雷电流的脉冲函数模型。

$$I(0,t) = \begin{cases} 0, & t < 0 \\ \dfrac{I_0}{\eta}\left[1-e^{-t/\tau_1}\right]^n e^{-t/\tau_2}, & t \geqslant 0 \end{cases} \tag{3.63}$$

式中，雷电流幅值修正因子 $\eta = (1-t_a)^n t_a^{\tau_1/\tau_2}$，$t_a = \tau_1/(\tau_1 + n\tau_2)$。容易证明，$\mathrm{d}I(0,t)/\mathrm{d}t$ 在 $t=0$ 时为 0，并且连续可导。

将式（3.63）中的 $[1-e^{t/\tau_1}]^2$ 展开，可以得到

$$\left[1-e^{t/\tau_1}\right]^2 = \sum_{k=0}^{n} \frac{(-1)^k n!}{k!(n-k)!} e^{-kt/\tau_1} \tag{3.64}$$

在脉冲函数模型展开式中，当 $k=0$ 时，其所得的表达式决定了脉冲函数的衰减程度。脉冲函数雷电流波形如图 3.11 所示。

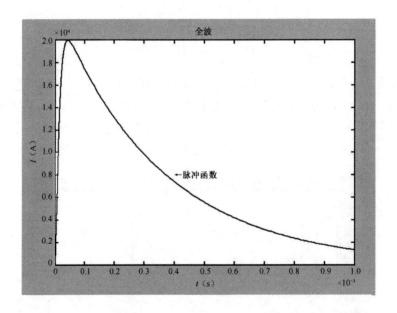

图 3.11　脉冲函数雷电流波形

第4章

雷电探测技术

．．．．．．．

雷电探测广泛应用于科学研究、民用航空部门的航线气象保障、电力部门的高压输电线路的管理和维护、林业部门的森林火灾的防护、气象部门的雷电预报和预警、建筑物防雷系统的设计等。各类雷电探测系统的发展，可以进一步提高中小尺度天气系统特别是雷暴天气的监测预警、预报的水平和能力，从而为相关需求部门的生产和人民生活提供一定的保障和服务。

人类从事雷电探测起始于近代欧洲。雷电科学真正建立起来要依靠物理探测手段，即要有精确的探测仪器和完善的探测方法。富兰克林的风筝试验只能定性了解雷电，开尔文（1824—1907 年）的研究才使雷电探测技术有了长足发展。1926 年，Boys 通过旋转照相机在南非拍到了真实闪电的光学发展过程，改变了人类对闪电的认识，这是人类探测雷电的一个里程碑。此后，随着科学技术的发展，人们根据雷电的物理效应和参数，利用先进的设备通过光学、声学、电场、磁场等来观测雷电的发生、发展和变化。

截至目前，对雷电探测最有效的手段是闪电定位系统。它能够充分地记录闪电发生的时间、地点与雷电流特性，同时结合星载光学传感器，探测全球闪电的总体情况。

4.1　闪电定位系统

闪电定位系统是用于雷电监测和预警的新型探测设备，可以自动、连续、实时监测闪电发生的时间、方位、强度、极性等特征参数。特别是，目前在世界发达国家广泛使用的闪电监测站网，能够提供大范围、长距离、高效率、高精度的雷电活动位置和发展信息等。另外，其甚高频（VHF）闪电定位系统还可以监测云闪，能够揭示闪电放电过程的时空分布，因此其闪电监测信息具有广泛的应用前景。

4.2 地闪回击识别技术

4.1.1 地闪回击波形

20 世纪 70 年代，雷电定位技术获得了新生。研究表明：在地闪放电回击的瞬间，其十分靠近地面的放电通道，并且垂直于地面。如果能探测地闪过程在这段时间的辐射，那么应用磁定向法（MDF）进行雷电定位的障碍就可以被基本清除，而这部分辐射有明显的波形特征，便于在技术上实现波形捕捉。由此，在该波形特征的基础上，出现了新一代波形鉴别技术，以及加有时间门限的 VLF/LF 段磁定向技术及其多站网络，使实时雷电定位变成现实。图 4.1 是距离观测站 60km 处，通过观察得到的云闪［见图 4.1（a）］、地闪的首次回击［见图 4.1（b）］及继后回击［见图 4.1（c）］的典型波形。目前的闪电探测系统中，均将这组波形作为 3 种情况下波形的判别模型。

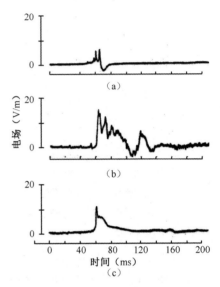

图 4.1　闪电波形示意

闪电探测仪在不同的距离对同一个闪电进行探测得到的电磁能量是不一致的。电磁波在空气介质中传播时，呈现有规律的衰减。如图 4.2 所示为同一个闪电分别在 50km、100km、300km 处测得的雷电波电场衰减情况。

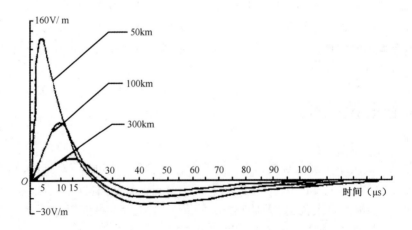

图 4.2　在不同距离处测得的雷电波电场衰减情况示意

另外，在 100km 处，雷电回击波形的一般特征量如表 4.1 所示。

表 4.1　在 100km 处，雷电回击波形的一般特征量

	负闪首次回击	负闪继后回击	正闪首次回击
初始峰值（V/m）	6.5	4.7	11.5
过零时间（μs）	65	40	100
前沿上升时间（μs）	4.5	2.2	11.5
慢沿持续时间（μs）	4.0	1.2	9.4
快变时间（ns）	440	460	560

　　数值模拟中的典型雷电流波形是在第 3 章介绍的各类雷电流模型模拟的波形。但在工程应用中，雷电流波形由试验装置产生。这些波形符合国际电工委员会（IEC）的相关标准，如直击电流 10/350μs 和感应电流 8/20μs 的波形。在闪电探测系统中，需要对一个雷电流波形有完整的描述，应定义如图 4.3 所示的参数。

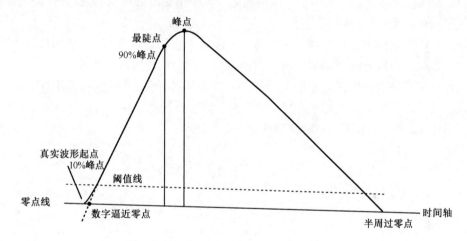

图 4.3　一种雷电探测系统的雷电流波形定义参数

　　另外，以下几个专业术语也可以定义波形。

　　（1）波形前沿时间：也称为波头时间，是从零点到峰点的上升时间。在 IEC 的相关标准中，波形前沿时间是这样定义的，从波头的 10%峰点到 90%峰点的连线的双向延长线与零点线和过峰点的水平线的两个交点之间的时间，也就是 10/350μs 和 8/20μs 波形中的 10 和 8 的物理意义。

　　（2）波形后沿时间：波形的峰点下降到零点的时间。

　　（3）脉冲宽度：从起始零点到后沿过零点的时间。由于雷电探测系统是对雷电感应信号进行采样，因此当雷电感应信号低于一定水平的量值时，硬件系统的采样被认为是零值。这与真实的雷电流波形是有差别的。不同于 IEC 给出的理想的工程试验雷电流波形，其有一个无限趋向于零值的波形后沿，但在雷电探测应用中，波形后沿过零点提前出现，并作为重要的雷电流波形参数在工程测量中使用。

　　（4）快变时间：最陡点到峰点之间的时间。这段雷电流波形的特征是：时间短，变化趋势放缓，平滑地到达峰点。

（5）阈值：雷电流波形 10%峰点的电压水平，通常为毫伏量级。

4.1.2 地闪回击波形识别

在目前的雷电探测系统中，当探测到低频或甚高频雷电感应信号时，需要对探测到的信号进行波形识别，以区别于云闪。对于一次云地闪，闪电定位系统可以探测到的回击放电特征参数如下。

（1）回击的放电时间：回击发生时的自然时间。

（2）闪电的回击数：每次闪电的回击次数。

（3）回击发生的位置：回击通道取垂直分量在地面或目标上的投影。

（4）回击的电流：回击电流波形的峰值。

（5）回击电流波形陡度最大值：回击放电过程中单位时间内电流变化的最大值，它反映了闪电回击放电最剧烈时的状况。

（6）回击波形前沿持续时间：在回击电流波形中，从 2kA 到峰值电流的过渡时间。

（7）放电电荷：每次回击放电所释放的电荷，即电流对时间的积分。

国内外主流的云地闪探测系统给出了以下波形鉴别条件。符合鉴别条件的波形被视为地闪回击波形，不符合鉴别条件的波形被视为杂波去掉。波形鉴别由专用数字信号处理器完成。如图 4.4 所示，6 个波形鉴别条件如下。

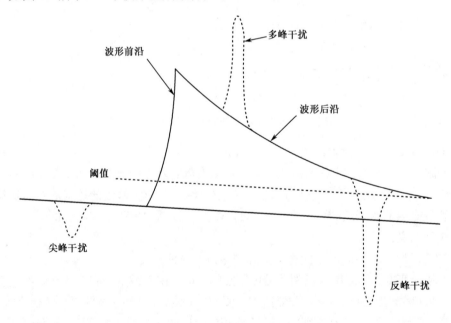

图 4.4　雷电流波形的鉴别

（1）阈值根据探测仪周围环境确定，特征值为 100mV；

（2）波形前沿≤18μs，波形后沿≥10μs；

（3）尖峰干扰≤25%主峰；

（4）多峰干扰≤125%主峰；

（5）反峰干扰≤115%主峰；

（6）频谱分布平滑系数≥35%。

通过以上 6 个波形鉴别条件，可以滤除 95%以上的电磁波干扰信号和 80%以上的云间闪电信号。地闪信号经过采集电路，将主峰到达的精确时间、信号波形的前沿陡度、极性、强度记录下来，并传送到数据处理单元进行运算处理。

4.3　闪电定位技术

闪电定位主要依靠闪电定位仪（也称为闪电探测传感器）完成。闪电定位系统由若干个闪电定位仪（也称为子站）、位置分析器和通信线路组成。子站测定闪电方位、强度，以及闪电到达本站的准确时间，经通信线路传送到位置分析器；位置分析器据此进行方位汇交和时差定位计算，求出闪电位置的经度和纬度。综合雷暴信息显示终端既可以是近程的，也可以是远程的。信息显示终端还可以通过通信线路获取雷达回波图，基于此，信息显示终端既可以显示闪电定位信息，又可以显示雷达回波图，还可以将两者重叠显示，并进行相关比较，以便于使用者判断雷暴的运动、增长或消失过程。

目前，国际上的闪电定位技术大致分为 5 种：

（1）改进触发式磁脉冲定向方法；

（2）工作在低频（LF）范围的长基线时差（Time of Arrival，TOA）法；

（3）工作在甚高频（VHF）的干涉仪定位法；

（4）工作在甚高频（VHF）的时差法；

（5）利用雷声定位闪电通道的技术。

从性能来看，前两种技术可以在较大范围内布网，后 3 种技术比较适合特殊用途及闪电物理的研究。利用磁脉冲辐射的探测手段在地基闪电定位技术中应用最为广泛。甚低频范围内一般采用磁定向（Magnetic Direction Finder，MDF）法、时差（TOA）法，以及磁定向法和时差法的联合方法；甚高频范围内一般采用窄带干涉仪定位法或时差法。从探测站点布设方式来看，闪电定位可分为单站定位和多点联合定位。

任何观察到的来自闪电源的信号都可以用于闪电的探测和定位。云闪和地闪中有许多独立的物理过程，每个物理过程与其自身的电场和磁场特征相关。从理论上来说，闪电的频段覆盖了整个频段范围，从极低频到 200GHz 以上的频段；但从探测的能量分布来看，一次闪电电磁辐射的主要能量集中在低于 1Hz 频段及 300MHz 附近频段，在频谱上距离 5～10kHz 频段 50km 时，可以得到电磁辐射能量的峰值。

研究结果表明，在闪电频谱的峰值和 10MHz 之间，幅度与频率严格地按照反比例关系变化；而在 10MHz 和 10GHz 之间，幅度与频率的平方根成反比例关系变化。探测结果显示，闪电电磁辐射可以达到更高的频率，如 300MHz～300GHz 的微波频率，甚至达到 10^{14}～10^{15}Hz 的可见光频率。

用什么样的探测方法是根据传感器所探测的信号频率而定的。表4.2中显示了目前利用最多的频段。在探测信号的波长比闪电通道的长度短得多的情况下，将产生VHF信号，频率为30~300MHz，也就是说波长λ为1~10m，此时整个闪电通道可以通过定位信息三维成像，放电特性主要是云闪或地闪的先导放电。当探测信号的波长与闪电通道的长度近似相等时，此时产生的是VLF信号，频率为3~30kHz，相应的波长λ为10~100km。当然，其中也产生LF信号，频率为30~300kHz，波长λ为1~10km。通过VLF信号或LF信号探测的闪电位置，是云地闪回击点的地面位置。

表4.2 电磁辐射频（波）段的划分

波段名	亚毫米波	毫米波	厘米波	分米波	超短波	短波	中波	长波	甚长波	特长波	超长波	极长波
		微波										
	射频波段											
波长	0.1~1mm	1~10mm	1~10cm	10~100cm	1~10m	10~100m	100m~1km	1~10km	10~100km	100~1000km	1000~10000km	10000km以上
频率	300~3000GHz	30~300GHz	3~30GHz	300~3000MHz	30~300MHz	3~30MHz	300~3000kHz	30~300kHz	3~30kHz	300~3000Hz	30~300Hz	30Hz以下
频段名		EHF极高频	SHF超高频	UHF特高频	VHF甚高频	HF高频	MF中频	LF低频	VLF甚低频	ULF特低频	SLF超低频	ELF极低频

截至目前，基于VHF信号探测的云闪定位与基于VLF-LF信号探测的云地闪回击定位可精确到百米量级，但相关的测量误差受站点数量、闪电定位方式、环境因素等影响较大。其中，地闪总体的定位误差为300~2000m，云闪总体的定位误差为150~500m。

1. 磁定向法

20世纪初，研究人员将传统的VLF/LF无线电（磁）测向技术用于远程上千千米以外雷电活动的监测，并获得成功。但是，当雷电活动与测站距离变小到300~500km时，闪电通道的垂直性（具有一定的水平分量）开始影响测向精度，最终导致无法使用所监测信号来定向，从而导致MDF法（VLF/LF频段）一度在雷电定位方面的应用进展缓慢。后来，在结合了TOA法后，MDF法获得了新生。

VLF/LF频段的MDF法采用一对南北（NS）方向和东西（EW）方向垂直放置的正交环磁场天线来测量闪电发生的方位角。每个正交环磁场天线可以单独获取来自垂直辐射源的电磁辐射，然后共同确定电磁辐射方向（见图4.5）。

基本原理是，根据法拉第定律，每个正交环磁场天线的输出电压正比于磁场向量和正交环磁场天线所在平面的单位向量的余弦值。对一个垂直辐射源来说，磁场线是水平同轴环绕辐射源。因此，如果一个环平面在NS方向，即面向EW方向的南北环，那么，当辐射源在接收天线的南边或北边时，将接收到最大信号；此时一个正交的面向NS方向的东西环接收到的信号最小，甚至为零。南北环上的信号将以信号来向与正北方向的夹角 θ 的余弦 $\cos\theta$ 规律变化，而东西环上的信号将以此角的正弦 $\sin\theta$ 规律变化。总体来说，信号强度在两个环上的变化关系与方位角的正切 $\tan\theta$ 成比例。

图 4.5　磁脉冲定向系统

如图 4.6 所示为 MDF 法探测原理示意，利用环形天线接收闪电信号，环形天线呈现"8"字形，在一定的大气电场下，环形天线感应的有效电动势的振幅与环形天线的圈数和面积成正比，也与入射到环形天线上的闪电信号的余弦成正比。通常将环形天线感应到的有效电动势的振幅与其电场强度之比称为有效位势。环形天线的有效位势为

$$H = \frac{2\pi ns}{\lambda}\cos\theta \tag{4.1}$$

式中，H 是环形天线的有效位势；n 是环形天线的圈数；S 是环形天线的面积；λ 是闪电波长；θ 是闪电信号的入射角。

当闪电电磁辐射的方向与环形天线平面平行时，天线感应的电动势最强；而在与环形天线垂直的方向上，天线感应的电动势为零。这说明环形天线具备对闪电的定向能力。

用于闪电测向的十字环磁定向探测系统（DFs）可以分为两种类型：一种是基于调谐的窄带系统；另一种是基于触发的宽带系统。两种系统的磁定向都是基于一个基本的假设，即电场辐射为垂直方向，与之相关的磁场辐射就是水平方向，而且与传播的路径垂直正交。

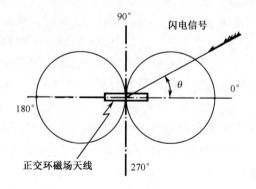

图 4.6　MDF 法探测原理示意

　　窄带系统在 20 世纪 20 年代开始应用于远距离的闪电探测，中心频率在 5～10kHz 变化。在这个频段内，电离层与地面之间的大气波导的衰减相对较低，闪电的信号强度也较大。这种窄带系统的最大不足在于，对于 200km 以内的闪电，其在探测时存在固有的方位角误差，也就是极化误差，该误差的范围在 10°量级。产生这种误差的原因有多种，主要来自探测的磁场分量的影响：

　　（1）非垂直的闪电通道产生的磁场线形成了一个垂直于自身的封闭圆形；

　　（2）闪电辐射通过电离层的反射产生天波，天波的磁场同样可以造成地面回击点的错误定向；

　　（3）测向系统附近一些不平坦地形的传导作用，以及附近埋地导体的二次辐射，会引入不希望出现的磁场分量。

　　因此，20 世纪 60 年代，一种新的十字磁环天线出现，这种天线的探测频段宽度可以达到 1～100kHz，通过示波器可以探测到 100～500km 范围内的闪电。在这种系统中，最先接收到 100μs 内的对应于地闪回击的地波，因此剔除了延迟到达的不正确的极化天波信号。

　　为了减小在短距离下窄带系统的极化误差，1970 年后，基于触发的宽带系统被开发出来。该系统通过门信号开启来采样回击初始峰值的南北环与东西环电压分量来完成定向任务。这个峰值是在地闪回击刚开始几毫秒内放电通道底部距离地面百米左右以下产生的辐射。这段放电通道可以认为是垂直的，磁场是水平极化的。另外，这种系统不会记录电离层的反射，是因为这些反射要远晚于前面所提到的采样初始峰值磁场。宽带系统的工作频段宽度扩展到了 500kHz。宽带系统发展到后来，由 Krider 在 1980 年进行了升级与改进，专门用来响应地闪回击。回击的电磁波形由升级后的宽带系统自动从云闪和非闪电源中分离开来。分离依据是闪电波形的上升沿时间、下降沿时间、峰值结构，以及过零点后的反极性过冲振幅，突出强调电磁场的变化，并结合首次回击和继后回击的特征来实现。宽带系统刚开始时，只适合对负地闪的探测；到了 20 世纪 80 年代后期，宽带系统发展成正地闪与负地闪双极性探测系统。正交环磁场天线在测量时，当发生正极性回击或负极性回击时，存在一个非常麻烦的 180°方位角模糊问题，即系统判别不出回击的正负极性，从而产生了方位角模糊。升级后的宽带系统在此基础之上增加了一个测量垂直电场的水平天线，电场的极性确定了由雷云向地面输送电荷的符号，从而解决了这个问题。宽带系统的随机误差来自叠加在天线输出上的噪声、仪器电路和两路信号的数字量化过程。考虑到传输介质及系统自身电路对两个正交环磁场天线的同步影响，为了达到测向的目的，宽带系统可以工作在 AM 无线频带以下或民航空管发射频率以下，否则容易产生额外的测向噪声。

　　如图 4.7 所示，当两个磁定向器 DF1 和 DF2 检测到一次地闪回击时，各磁定向器可探测的角度为 θ_1 和 θ_2，于是可以得到闪击点位置。但是，一个位置信息包含误差，因为每个方位角都有自身的随机角度误差和系统站点误差。在图 4.7 中，实线代表闪击测量的方位；虚线代表 ±1°的方位角误差；实心圆代表计算得出的闪击点位置；阴影区域代表闪击的不确定位置。实际上，真实的闪击点位置就在阴影区域内。假设闪击点距离两个测站都为 100km，那么测量范围将落在一个 100km 外的、边长大于 2km 的四边形之内，可能误差为 2~4km，经改进后，可以达到 90%以上的探测效率和 0.5km 以下的探测误差。

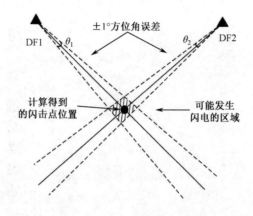

图 4.7　两个磁定向器定位法示意

当两个磁定向器测量的闪击点出现在两个磁定向器的基线（连接线）上时，如图 4.8 所示，将产生基线误差。此时误差的四边形区域的面积达到最大，方位角的估计效果也较差，方位角误差很大，最大方位角误差可以达到两个磁定向器之间的基线长度，因此大多数基于磁定向器的定位系统具有 3 个或以上磁定向器。

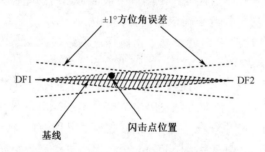

图 4.8　两个磁定向器定位法基线误差示意

如果具有 3 个磁定向器的定位系统得到应用，磁定向器两两组对，共有 3 对，每对磁定向器确定 1 个闪击点位置，因此得到 3 个闪击点位置信息，如图 4.9 所示。在这 3 个定向位置上，任意两个定向位置的距离即宽带系统的误差。对于一个有 3 个磁定向器或 n 个磁定向器的定位系统，在响应同一个闪电回击时，闪电回击点位置的理想估计最好方法是 χ^2 最小值方法。

在图 4.9 中，DFn 代表第 n 个磁定向器，实线代表测量的回击方位；空心圆代表由 3 个不同的方位交叉线确定的 3 个可能的闪击点位置；实心圆代表最小化 χ^2 函数得到的闪击点的最佳估计位置；虚线代表得到最佳闪击点位置的方位。

在一个大的探测网络中，往往有两个以上的磁定向器，因此在求取最佳闪击点位置时，利用了 χ^2 函数，并求取其最小值来计算闪击点位置，即

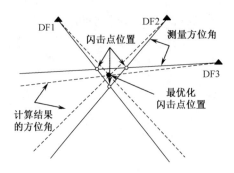

图 4.9 3 个磁定向器定位法示意

$$\chi^2 = \sum_{i=1}^{N} \left(\frac{\theta_{mi} - \theta_i}{\sigma_{\theta_i}} \right)^2 + \sum_{i=1}^{N} \left(\frac{E_{mi} - E_i}{\sigma_{E_i}} \right)^2 \qquad (4.2)$$

式中，θ_i 和 E_i 是未知方位角和电场峰值；θ_{mi} 和 E_{mi} 是第 i 个磁定向器的方位角和电场峰值；σ 是测量的误差估计。注意到，在 5km 以外，电场和磁场的初始峰值主要由电磁场的辐射分量决定；电场峰值可以通过测量的磁通密度峰值与光速的乘积得到。另外，通过最小化 χ^2 函数获得最可能的闪击点位置，并且可以估计最可能闪击点位置的误差。误差估计经常用一个置信椭圆来表示，在这个置信椭圆内，有高达 99% 的准确定位概率。对不同的误差测量结果进行分析可知，置信椭圆的确定在于首先假设测量参数的误差按高斯分布，这意味着主要的系统误差（站点误差）在测量中被消除，而由随机误差、定位系统的几何特征、回击响应的磁定向器数量来确定置信椭圆的大小。

1990 年以前，美国 LLP 公司就建立了雷电探测网络。该网络仅能确定云地闪的首次回击的位置、极性、电场峰值和每次雷闪的闪击次数。电场峰值的确定利用了测量的磁场峰值及磁场峰值—电流峰值之间的线性关系，是通过传输线模型得到的。后来的 NLDN 系统利用线性回归方程，并结合人工触发闪电的即时电场峰值测量和磁场峰值测量来实现云地闪电流的估算。NLDN 系统在 1989 年建立之初，其所有的探测传感器均为美国 LLP 公司的磁定向器；升级后，其应用到了 TOA 法，提高了探测效率和探测精度。

和窄带系统一样，宽带系统也容易受到站点误差的影响。站点误差是系统误差，不随时间变化。站点误差的产生原因是测量环境中出现了夹杂的电磁场，这些电磁场的产生多是由于不平坦的地形及附近的埋地或架空电力线、建（构）筑物等造成的。去除站点误差，对于探测仪周边环境有特定的要求，如地势平坦均一、没有大型的导体及地物目标等。当这些条件不容易达到时，需要采取相关的措施来补偿和订正。通常采用的方法是多站测量，即至少通过定位系统获取 3 个探测站的数据，记录并进行一致性分析；选择一个雷暴季节的某个时段，确定各站点方位角的定位校正曲线，以提供更好的补充。由此可以看出，站点误差的校正是以软件方式实现的，一旦校正完成，系统误差将在 2°～3°。

2. TOA 法

美国和英国的科学家在 MDF 法的基础上分别发展了一种基于 VLF/LF 频段探测的 TOA 法。TOA 法采用闪电电磁脉冲到达不同测站的时间差进行闪电定位。两个以上放置于不同位置的探测站分别获得闪电电磁脉冲到达本站的绝对时间，则每两个探测站之间的时间差构成一条双曲线，双曲线的交点就是闪电电磁脉冲发生的位置。

由于 TOA 法采用的天线简单，因此在测量闪电回击辐射场到达探测站的精确时间及到达不同探测站的时间差时，可以避免 MDF 法固有的随闪电与探测站距离增大而误差线性增大的缺点。但是，它对测时精度的要求较高，且至少要 3 个探测站才有可能定位，同时由于回击波形峰值点随传播路径和距离的不同可能发生漂移和畸变，或者受到环境的干扰，因而导致时间测量误差。TOA 法的实际测量误差有时可达几百米或几千米。另外，如果不借助波形鉴别，TOA 法甚至有可能把个别强的云闪误当作地闪。

基于 TOA 法的闪电定位系统可以分为 3 类：①超短基线系统，基线的长度为几十米到几百米；②短基线系统，基线的长度为几十千米；③长基线系统，基线的长度为几百千米到几千千米。超短基线系统与短基线系统通常工作在 VHF 频段，也就是工作在 30～300MHz 频段范围。长基线系统通常工作在 VLF 频段和 LF 频段，频段范围为 3～300kHz。

人们通常认为，VHF 频段辐射与空气的击穿过程相关，而 VLF/LF 频段辐射是电流在放电通道内流动的结果。短基线系统模拟放电通道的成像，常被应用于研究云中电荷放电的时空发展过程。长基线系统常被应用于识别对地闪击点或闪电平均方位。

为了理解和阅读方便，本章将 TOA 法探测在按基线长度分类的基础上进一步进行分类，分别从对地闪的探测和对云闪的探测角度来描述。

TOA法利用的是最简单的双曲线定位法，如图4.10所示。

假设闪电发生时电磁波的传播速度为v，通常$v=c$，也就是光速。若在远距离处探测站 1 接收到电磁波的时间为t_1，探测站 2 接收到电磁波的时间为t_2，那么当闪电发生时，电磁波到达两个探测站的时间差就为

$$\Delta t = |t_1 - t_2| \tag{4.3}$$

相应地，闪电与两个探测站的距离差为

$$\Delta d = c \cdot \Delta t \tag{4.4}$$

因此，在平面上，根据双曲线原理，此时闪电的位置应该落在与两个探测站距离差一定的一条曲线上。但是，在三维空间中，如图 4.11 所示，满足$\Delta d = |PB_1 - PB_2|$为恒定距离的点在以B_1、B_2为焦点的双曲面上。由于闪击落在地面，因此双曲面与地面的交线即双曲线。

B_1点、B_2点为两个探测站的位置，P点为闪电发生的位置，d_1、d_2为闪电与两个探测站之间的距离。这是由于闪电发生具有随机性，不容易确定其起始时间，也就是P点到达B_1点和B_2点的绝对时间。但是，测量两个探测站接收到闪电信号的时间差是容易做到的，因此当距离差Δd一定时，以点B_1、点B_2为焦点，画双曲线。若$t_1 > t_2$，便可以确定点P位于过右半轴的一条曲线上；若$t_1 < t_2$，则可以确定点P位于过左半轴的一条曲线上。

假设以探测站 A、B 所在直线建立坐标系，则两个探测站闪击所确定的方程为

$$\frac{X^2}{A^2} - \frac{Y^2}{B^2} = 1 \tag{4.5}$$

式中，$A = \dfrac{\Delta T \cdot c}{2}$；$B = \left(\dfrac{D}{2}\right)^2 - A^2$；$c$ 为光速；D 为两个探测站之间的距离。

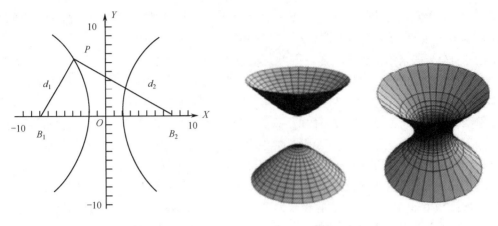

图 4.10　双曲线定位法　　　　　　　　　　　　图 4.11　旋转双曲抛物面

很明显，在使用 TOA 法进行定位时，如果仅有两个探测站，只能将闪击点定位在双曲线的任何一条曲线上，而不能确定其具体的位置。因此，在利用 TOA 法定位时，必须要有第 3 个探测站才能完成定位任务。

世界上第一个工作于 VLF/LF 频段的长基线系统是 20 世纪 60 年代在美国马萨诸塞州用一对接收站来工作的。该系统的工作频段宽度为 4~45kHz，全部网络由 4 个子站组成，各子站分立 100km 用来比较信号到达每个探测站的时间差，由此来确定闪电的放电方向。两个探测站的闪电定位系统类似于超短基线系统，但是该系统工作在一个更低的频段上，并拥有更长的基线。

图 4.12 全面分析了 TOA 法的探测原理。在图 4.12（a）中，如果只有两个探测站，空心点代表可能的闪击点位置，但包含的是整条曲线。在图 4.12（b）中，3 个探测站中任意两个探测站可得到一组可能满足测量时间差的双曲线位置，因此可画出两条不同的曲线，若此时两条曲线有唯一解，并交于空心点，则空心点代表闪电的发生位置。

但是，在某些情况下，如图 4.12（c）所示，3 个探测站可以得到两个交点，会出现探测位置模糊的情况。在图 4.12（c）中，如果仅根据已有的 3 个探测站，很明显不能区分出两个空心点中哪一个是真实的闪击点位置。因此，为得到闪击点的确切位置可以采用 4 个探测站，或者提供更多的差别信息。图 4.12（e）提供了采用 3 个探测站时闪击点位置的误差分布。受到自身探测原理的限制，TOA 法闪电定位精度最高的区域很明显处在由 3 个探测站组成的三角形内部，离三角形区域越远，闪电定位精度越低。

探测网络分布在一个较广阔的范围，易受到地形、地物、噪声与干扰、大气传播的影响。利用多个探测站进行闪电定位时，可以得到多条两两相交的双曲线，可以更精确地确定闪击点位置。但受到以上因素的影响，多个探测站的多条双曲线往往难以相交于一点。这就需要在探测过程中进行优化分析，计算得出闪电最可能发生的位置。

在 TOA 法定位中，采用的天线多为线天线，其结构简单。它通过测量闪电的辐射场到达探测站的时间差，来完成定位任务，有效地避免了 MDF 法因闪电距离测站越远误差线性越大的缺点。

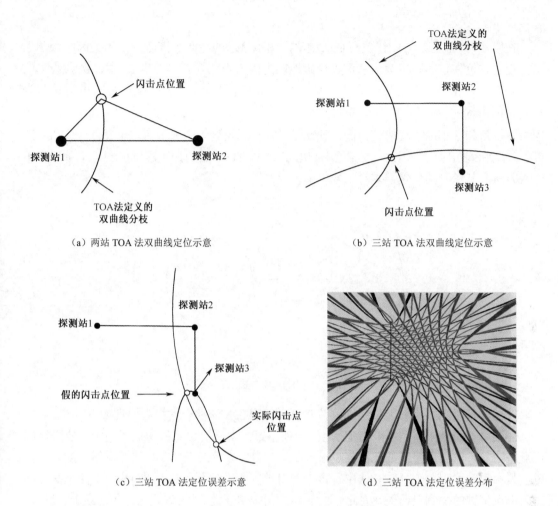

（a）两站 TOA 法双曲线定位示意　　　　　　　　（b）三站 TOA 法双曲线定位示意

（c）三站 TOA 法定位误差示意　　　　　　　　　（d）三站 TOA 法定位误差分布

图 4.12　TOA 法的探测原理

另外，TOA 法也有了更高的要求。首先，要有精确的定时，这是定位系统精度得以保证的基本要求，随着 GPS 技术的应用，这个问题得到了较好的解决；其次，TOA 法闪电定位需要至少 3 个探测站才能够完成闪电定位任务，探测站网的建设规模扩大解决了这个问题；再次，在闪电波形到达探测站时，受沿路的地形、传播路径、传播距离、传播畸变的影响，峰值点已经与原来的位置发生了偏移，此时对于来波到达时间的确定会存在误差，而时间差的测量依赖到达时间的确定，这就要求定位系统在探测时要有良好的时间判别方法，通常通过波形边沿判别法或波形振幅判别法来测定；最后，在进行闪电探测时，有一个非常重要的技术需要解决，那就是探测对象是云闪还是地闪，因此，任何一个闪电探测系统都必须有波形鉴别模块，如果不利用波形鉴别技术，则可能会将云闪误认为地闪。

3. VLF/LF 频段的 MDF 法和 TOA 法综合探测技术

闪电定位的最佳方法是同时利用磁定向（MDF）法和时差（TOA）法。MDF 法可提供方位信息，TOA 法可提供到达时间的距离信息；利用全部可得到的信息，用圆相交法可以确定闪击点位置。MDF 法和 TOA 法结合可以避免 MDF 法和 TOA 法的缺点，仅取它们的优点。

在图 4.13 中，S_1、S_2 代表两个探测站，图中显示的是两个探测站之间地闪的探测原理。使用方位矢量和距离圆信息可以精确地确定闪击点位置。在图 4.13 中，探测站 S_1 的方位角为 θ_1，由闪击辐射信号到达探测站的时间确定的距离为 r_1；探测站 S_2 的方位角为 θ_2，由闪击辐射信号到达探测站的时间确定的距离为 r_2。在这个例子中有 4 个参数：2 个闪击方位角和 2 个闪击辐射信号到达探测站的时间。由这 4 个参数可以估算 3 个参数：纬度、经度和闪击时间。因此，结合使用 MDF 法和 TOA 法的探测准确度要优于单独使用一种方法，其探测的位置误差小于 500m。

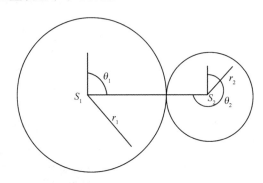

图 4.13 TOA 法与 MDF 法结合示意

对于非基线上的对地闪击的探测，TOA 法和 MDF 法综合的探测原理如下。

如图 4.14 所示是两站混合法的定位原理示意。由于定位系统集成了两种定位方法的优点，因此可以利用两者的探测信息进行综合评判。L_1、L_2 是 MDF 法探测得到的目标位置，其相交于点 P_1。在 MDF 法中，该点即对地闪击点位置。L_3 是 TOA 法中两个探测站对闪击点位置的探测双曲线，因此，在 TOA 法中闪击点位置应该处在这条曲线上。最后，通过两种方法的结合，确定最佳闪击点位置为点 P_2。

如图 4.15 所示为三站混合法的定位原理示意。3 个探测站布置成一个直角三角形。由探测站 1 与探测站 2 确定的曲线是竖向双曲线，由探测站 2 与探测站 3 确定的曲线是横向双曲线，两条双曲线相交于空心圆点。该点即 TOA 法确定的闪击点位置。其中，3 条直线两两相交形成一个三角形区域，MDF 法确定的闪击点位置就处在该区域中。两种方法相结合，便可以确定闪击点位置就是双曲线在三角形区域内的交点。该交点在此时是可以唯一确定的。

图 4.16 是三站混合法定位时出现的另一种情况。此时，仅通过两条双曲线来求解闪击点位置，会出现两个交点，也就是会出现位置模糊的情况。在这种情况下，通过 MDF 法的计算，可以确定唯一的闪击点最佳位置。如图 4.16 所示，在由 3 个探测站确定的三角形区域中包含一个空心圆，而在三角形区域之外也有一个待定点，因此可以确定三角形区域内的空心圆即闪击点位置。

TOA 法和 MDF 法综合定位算法流程如图 4.17 所示。若有 3 个探测站接收到电磁波，在非双解区域采用 TOA 法；在双解区域先采用 TOA 法得出双解，然后利用 MDF 法去除

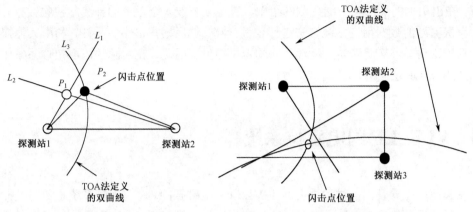

图 4.14　两站混合法的定位原理示意　　　图 4.15　三站混合法的定位原理示意

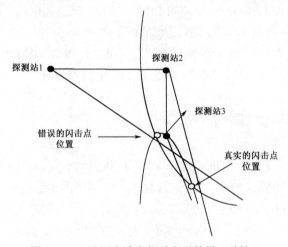

图 4.16　三站混合法定位时出现的另一种情况

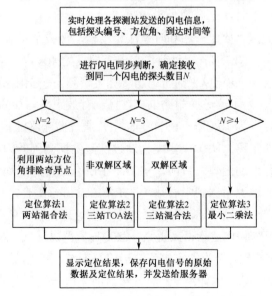

图 4.17　TOA 法和 MDF 法综合定位算法流程

假解。在由更多的探测构成的探测网络中，若有 4 个或 4 个以上的探测站接收数据，则先取 3 个探测站的数据用三站混合法进行定位计算，然后根据最小二乘法，利用其他探测站的数据校正误差，从而提高三站混合法的定位精度。因此，在实际的闪电定位系统中，将 TOA 法和 MDF 法结合，是闪电探测技术发展的方向。

4.4　VLF–LF 闪电定位系统

在云地闪先导及回击过程中会产生 VLF-LF 电磁脉冲。地闪探测系统正是通过探测这一电磁脉冲的时间和方向，实现对云地闪的定位的。截至目前，较为成熟的闪电定位系统有美国国家闪电监测网（NLDN）、欧洲的 LINET 系统，以及我国的 ADTD 闪电定位系统。世界上有 40 多个国家拥有类似 NLDN 这样的闪电监测网络，包括加拿大、瑞典、奥地利、法国、日本和巴西等。自 1998 年以来，加拿大闪电定位网络（CLDN）已和 NLDN 联合，合成的北美闪电探测网络（NALDN），共包含 187 个雷电探测传感器。

4.4.1　美国国家闪电监测网（NLDN）

美国国家闪电监测网（NLDN）是在 1987 年建成的。其是美国土地管理局（BLM）和美国国家强风暴实验室（NSSL）分别管理运行的两个闪电监测网，加入纽约州立大学奥尔巴尼分校（SUNYA）管理运行的美国东部闪电监测网，形成的一个覆盖美国本土 75% 的闪电监测网络。随后，1988—1989 年冬季，定向探测器加入 SUNYA 管理运行的闪电监测网，建立了覆盖美国本土的美国国家闪电监测网（NLDN）。NLDN 使用的传感器有触发式宽带磁定向仪和基于时间测量的 TOA 网络。

经过运行试验，美国将磁定向法和时差法相结合，形成了覆盖全美国的地闪定位网，即美国国家闪电监测网（NLDN）。目前，雷电事件发生 40s 内即可从 NLDN 获得数据，也可得到经过校正的自 1989 年以来的雷电历史档案资料。美国国家闪电监测网在 1994 年进行了升级；1995 年，为了改进探测结果，在探测有效距离增加的基础上，NLDN 中包含的探测站由 130 个减少为 106 个。在 NLDN 中，通过监测网的相对探测效率（NRDE）确定探测站的有效探测距离。NRDE 定义为通过探测站探测到的闪击数与 NLDN 探测到的闪击数之比，它是距离的函数。目前，NLDN 中所有的传感器均使用 GPS 时钟。每个传感器测得的数据都通过卫星送到中心站，并在中心站进行综合定位和参数计算，然后通过卫星和通信网络发送给数据用户。为了探测低峰值电流和远距离闪电，和早期的探测系统相比，新传感器的带宽和增益均得到提高，触发阈值得以降低，波形鉴别条件也随之改变，与之前的探测系统相比，接收的雷电流波形明显变窄。同时，为了得到峰值电流分布，校准因子也发生了改变。从技术体系来讲，升级后的系统与升级前的系统在本质上并没有区别。升级后的系统基本上实现了美国国土全覆盖，雷电探测传感器之间的典型布站间距约为 300km。

如图 4.18 所示，地基感应器通过卫星系统②～③将闪电①的资料发送到控制中心（NCC）④，在 NCC 处理来自地基感应器的数据，提供闪电放电的时间、位置、峰值电流，然后将这些处理信息通过卫星广播通信网⑤返回实时使用者⑥手中，所有这些均发生于闪电放电的 30～40s 内，这一延时由固有的 30s 延时和各种处理通信延时组成。0.1s 时间分辨率的地闪信息通过卫星广播线路发送，所有获取的其他高分辨率闪电和闪击数据通过另外的通信线路传送。实时获取的数据在数天内进行再处理，并作为永久的基本数据存档，以供不需要实时数据的使用者选择使用。

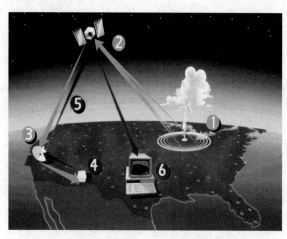

图 4.18　NLDN 结构示意

实时数据有两个误差源，一个是探测器的定位误差，另一个是通信误差，但这两者都不会影响数据的再处理。定位误差包括 MDF 位置误差和辐射场峰值的振幅误差。对这些误差的校正只有在获取大量闪电数据后才能进行。地闪的定位方法多数基于 MDF 法或 TOA 法，美国 LLP 公司将 MDF 法与 TOA 法组合，形成 IMPACT 方法。这一方法的信息来自 MDF 感应器、TOA 探测器和 IMPACT 探测器，测量闪电脉冲波到达时间和所有闪击的方向。

改进的 NLDN 包括最初的 ARSI 国家闪电监测网、59 个 LPATS TOA 探测站、47 个 IMPACT 探测站。其中，LPATS TOA 探测站有时通过云附近的放电和先导脉冲触发，探测站的增益减小，所选取的标准增加。另外，LPATS TOA 探测站和 IMPACT 探测站具有相似的灵敏度和判据。

由 NLDN 的 106 个探测站的数据利用最小二乘法可计算闪电最佳位置，在最初的计算公式中，方法是使一个无约束的误差函数最小，其中误差函数是角偏差的平方总和，角偏差是探测器测量的方位角与探测器位置对于闪击最佳位置方位角的差。通过期望的角偏差和自由度归一化后，误差函数变为归一化理想的正方形。闪击位置的最佳估算是通过沿扁球体表面移动在误差梯度方向上迭代求取的。IMPACT 探测站的连线上的放电可以由 MDF 法和 TOA 法的组合获得。研究 5 个探测站对美国佛罗里达州闪击的测量和定位：

3 个 IMPACT 探测站和 2 个 LPATS TOA 探测站，角信息由来自探测站的直线表示，TOA 信息由以每个探测站为中心的距离圆表示，这是一个 NLDN 监测闪电的典型个例，其中，对 6～8 个探测站求平均得到峰值电流为 25kA；对 2～4 个探测站求平均得到峰值电流为 5kA；通常对 20 个或更多探测站求平均可监测到一个 100kA 的闪击。

过去，MDF 法测量的是首次闪击后 1s 内 2.5° 范围内闪击的累计值，则闪电多重性是任何一个探测站探测到的闪击最大数，由此可推导获得闪电位置。MDF 法高估了实际闪电的多重性，因为在相同的方位上一个或多个探测站会探测到同时发生的闪电。发生闪电可以由多个探测站从不同方位（相差 90°）探测到同时刻的闪电，由此可以探测多重闪电。

NLDN 由 5 部分组成：探测仪、中心数据处理站、图形显示工作站、数据库与网络浏览服务器、通信系统。NLDN 可以为用户提供：超过 99% 的雷暴探测效率；高达 95% 的地闪探测效率；平均定位精度达 250m；极高的系统稳定性（接近 99.99%）；实时的数据传输能力；闪电定位的时间精度高于 1ms；通过 MDF 法反演得到的精确电流峰值。

NLDN 综合运用 MDF 法和 TOA 法进行闪电定位，并获取各类闪电特征量；同时，NLDN 能够有效区分同一个闪电中的各闪击（见图 4.19）。NLDN 探测数据的准确性经美国亚利桑那州立大学、佛罗里达大学地面观测录像及人工引雷等相关试验的验证。NLDN 的网络控制中心设在美国亚利桑那州图森，配置了最先进的卫星网络通信设备以保证网络的可靠性。

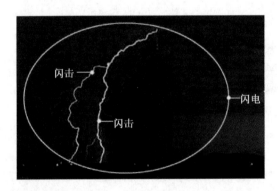

图 4.19　闪电与闪击

NLDN 所得数据既可以用于实时监测，又能够用来进行历史过程分析。预报员基于实时的闪电分布图和各个闪击的特性，实现对雷暴过程发展及其强度、移动路径等的密切监测；电力、机场、通信等部门也依靠 NLDN 提供的数据判断其设备遭受雷击的风险情况。自 1989 年以来，NLDN 每年探测到超过 2500 万次地闪（1995 年 NLDN 设备升级，引入闪击探测，每年探测到地闪的数量进一步增多），并建立了一整套闪电数据统计分析模型，以指导各类雷电防护工程设计。

整个地闪探测系统的发展历史并没有太长。MDF 法最早于 20 世纪 70 年代由美国亚利桑那州立大学 E. Philip Krider、Burt Pifer 和 Martin Uman 等人提出。1976 年，第一个 MDF 系统开始应用；20 世纪 80 年代，美国闪电定位和防护公司 LLP 公司发展了商业化产品 MDF 系统，并得到广泛应用。相对而言，TOA 法的发展稍早一些。20 世纪 60 年代，Oetzel 和 Pierce 首先提出，一种超短基线的 TOA 系统可以用于 VHF 频段信号源的探测。1982 年，首个用于闪电定位的 TOA 系统原型机开始测试应用。随后，美国大气研究系统有限公司 ARSI 实现了闪电定位和跟踪系统 LPATS 的商业化应用。另外，日本株式会社山光社成立了全球大气有限公司，购买并改造了 LLP、ASRI 和 GMDS 3 家公司和它们的产品，设计了新的 IMPACT 传感器。后来，全球大气有限公司被芬兰的维萨拉公司收购，因此在北美、欧洲大部分及日本的闪电定位系统均为维萨拉公司的产品。近期，TOA 公司在 TOA 技术的基础上发展了"先进的闪电定位系统"（Advanced Lightning Position System，ALPS）。ALPS 兼有大气平均电场的探测功能。

4.4.2　NLDN 局地雷暴探测实例

本实例利用 NLDN 对发生于 1989 年 10 月 14—15 日的一次地闪雷暴进行研究。该地闪雷暴于 14 日世界时 20:00（2000UTC）至 15 日 10:00（1000UTC）共产生 24691 次地闪回击，其分布如图 4.20 所示。其中，"·"表示负地闪，"+"表示正地闪。从图 4.20 中可以看到，整个地闪雷暴从西北朝东南运动，沿地闪雷暴路径的北部边缘几乎只观测到正闪电，而沿地闪雷暴路径南部边缘几乎没有正闪电。

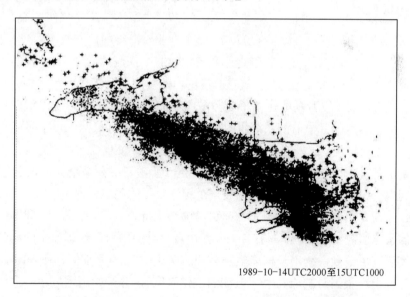

1989-10-14UTC2000至15UTC1000

图 4.20　1989 年 10 月 14—15 日纽约州附近一次局地雷暴过程闪电分布

这次地闪雷暴的逐时地闪频数如图 4.21 所示，地闪频数由负闪电和正闪电组成。逐时地闪频数的峰值（约 2400 个）出现在 15 日世界时 5:00（0500UTC）。在地闪雷暴的整个时段内，正闪电在所有地闪中所占比例小于 3%。

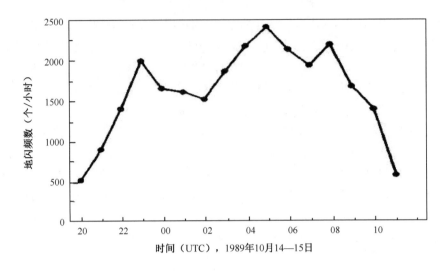

图4.21 地闪雷暴的逐时地闪频数演变曲线

4.4.3 我国的雷电定位系统

我国的雷电定位系统最早应用于电力行业，用来监测高压输电线路的雷电过电压故障。后来，雷电定位系统在气象部门也得到应用。例如，电力部门的"山东电网雷电监测定位系统"（10个探测站）、"河南电网雷电监测定位系统"（11个探测站）、"湖南电网雷电监测定位系统"（9个探测站），华北电网建有27个探测站、4个二级中心站和29个专业用户终端，广东电网建有15个探测站、20个专业用户终端，安徽电网建有11个探测站；电信部门的"湖南电信雷电监测定位系统"（10个探测站）；油田系统的"大庆油田雷电监测定位系统"（4个探测站）。航空航天部门对雷电监测工作尤为重视，已在酒泉、西昌、太原等航空航天发射基地建立了多种雷电定位和监测系统，以保障航空航天活动的安全。粤、港、澳地区雷电监测系统也已于2004年建成，可对90%以上发生在珠三角地区的雷电进行定时监测。这些定位系统在不同方面均发挥了重要作用，为我国雷电定位网的建设奠定了基础。正在推进之中的工作包括：进一步改进探测系统性能，优化站网布局，完善全国闪电资料收集和处理系统，建设一个覆盖全国的闪电监测网。

ADTD系统是由中国科学院国家空间科学中心主持研发的，并应用于我国气象部门实际业务中的雷电监测定位系统。早在20世纪70年代，中国科学院国家空间科学中心就为国防科工委研制了数批系统用于核爆电磁脉冲的探测；"七五"期间，在美国LLP公司研制系统的基础上，我国研制成功"雷电测向定位系统"，并开始组网应用；最终，我国于1997年推出了ADTD系统。

ADTD系统测量每次回击放电辐射的电磁脉冲的参数包括回击的放电时间、回击发生的位置、回击波形的强度峰值、回击波形的陡度值、回击波形的陡点时间、回击波形前沿上升时间、回击波形宽度。

根据电磁辐射场的波形，可以近似计算回击的放电电荷、辐射能量。ADTD 系统雷击探测仪的探测参数和指标如表 4.3 所示。

表 4.3　ADTD 系统雷击探测仪的探测参数和指标

参　数	回击波形到达精确时间	方位角	磁场峰值	电场峰值	波形特征值（4 个）	陡度值
指标	≤10^{-7}s	≤±1°	≤3%	≤3%	≤10^{-7}s	≤3%

组网后 ADTD 系统雷击探测仪的探测参数和指标如表 4.4 所示。

表 4.4　组网后 ADTD 系统雷击探测仪的探测参数和指标

参　数	回击发生的精确时间	回击位置（经纬度）	强度	波形特征参量	陡度值	放电量	峰值功率
单位	0.1μs	m	kA	0.1μs	kA/μs	C	MW
指标	≤10^{-7}s	≤300m	≤15%	≤10^{-7}s	≤15%	≤30%	≤30%

ADTD 系统由 4 个部分组成（见图 4.22），即雷电探测仪、中心数据处理站、用户终端、通信网络。

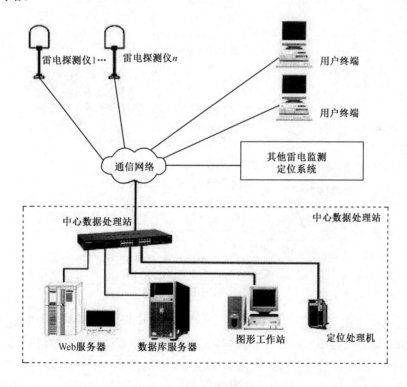

图 4.22　ADTD 系统的组成

雷电探测仪（见图 4.23）是用于直接探测闪电发生时间、位置、强度、陡度和极性的设备，由布置在不同地理位置上的两台以上的雷电探测仪构成一个雷电监测定位系统网。雷电探测仪的探测半径为 150km，两个雷电探测仪的距离通常设置为 150～180km，多站交汇误差要比两站交汇误差小，因此多站布置可以提高雷电定位精度，同时可以扩大探测范围。从交汇原理的合理性来看，通常将探测站布置成正三角形、正四边形等更有利。探测站位置的选取要从雷电监测定位系统对雷电的定位精度要求、覆盖面积、场站的通信条件，以及场址背景条件等诸多因素综合分析决定。

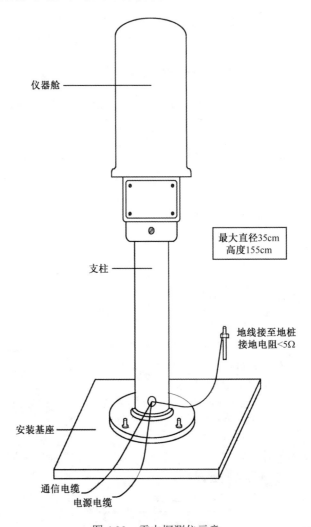

图 4.23 雷电探测仪示意

雷电探测仪的主要组成部分及电子盒实物照片如图 4.24、图 4.25 所示。

雷电探测仪的主要部件是支柱和仪器舱。支柱是一根厚壁钢管，由精密机械加工的顶端表面和焊接的底部安装盘组成。仪器舱安装在支柱的顶端。用 3 根螺栓，通过支柱底部安装盘上的 3 个安装孔，将整个雷电探测仪安装在水泥墩上，或者安装在用槽钢制成的"井"字架上。仪器舱是一个组合部件，它由电源腔、电子盒、天线部件、密封圈及玻璃钢罩组成。仪器舱被 4 颗特殊螺丝固定在支柱顶端的槽内，固定螺丝松开后，整个仪器舱可以手动转动，以便安装时校准天线部件的正北方向。在仪器舱的安装托盘上设计了气压卸压阀。在打开玻璃钢罩前，气压卸压阀用于平衡玻璃钢罩内外的气压。

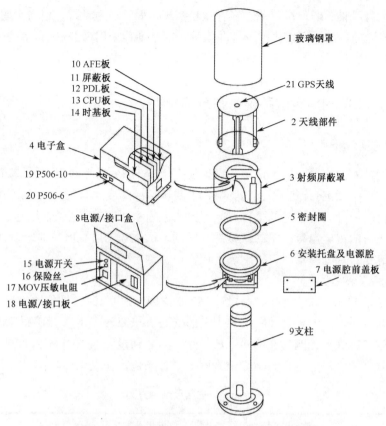

图 4.24 ADTD 系统雷电探测仪的主要组成部分

图 4.25 ADTD 系统雷电探测仪电子盒实物照片

中心数据处理站一般由 3 台服务器构成：①中心数据处理机，负责接收雷电探测仪的数据，显示雷电探测仪的工作状态和探测结果，它还通过通信网络传输数据给多个图形工作站，与多个部门共享雷电信息资源；②Web 服务器，用来存储数据和提供 Web 服务；③数据库服务器，用来存储数据。

ADTD 系统用户端是结合现代网络通信技术，利用地理信息系统，以图形化的方式显示、分析各种闪电数据，实时计算显示云对地雷击的发生时间、位置、雷电流振幅和极性等雷电参数，并用分时彩色图形清晰显示雷电特征的软件。它实现了闪电数据的实时接收、查询、统计及定时保存等多种功能。

数据服务网络也是雷电监测定位系统的重要组成部分，数据服务网络的质量直接影响

ADTD 系统的可靠性。通信可以通过多种途径实现，如长途电话线、超高频通信、电力载波通信、微波通信，甚至现代化的卫星通信等。本节推荐采用微波通信，或者采用专用有线线路通信。

4.4.4　VLF–LF 闪电定位系统布站方案分析

1. 评估方案设计

雷电监测站点的位置对闪电定位的精确度有一定的影响，不同监测区域的地形地貌等对闪电定位的精确度也会产生不同的影响，主要包括经纬度、海拔，以及山川、河流、建筑物及其附近的信号收发塔等的干扰。雷电监测定位网大多针对某一不规则多边形区域建立，监测区域内的雷电也有一定的聚集性。依据地形地貌，监测区域通常设计为三角形、矩形、梯形等相对规则的形状，以达到区域雷电监测目的。

评估方案的参数设置如下。

在 400 像素×400 像素的网格中，共对 16000 次闪电进行计算，图像比例尺为 1∶1000，在设定随机数对误差因子进行计算过程中采用的随机系数为 $2×10^{-6}$，监测系统布站方式分为倒三角形、三站线形、四站线形和矩形，站间距分别设置为 100km 和 200km。

根据计算误差大小，配色方案设定为以下 6 种颜色，如表 4.5 所示。

表 4.5　误差结果配色方案

误差 d（km）	0~0.5	0.5~1	1~1.5	1.5~2	2~3	>3
颜色	白色	黄色	绿色	青色	红色	蓝色

评估流程如图 4.26 所示。

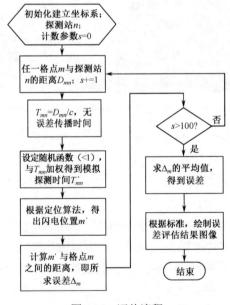

图 4.26　评估流程

2. 评估结果

对定位计算误差进行评估分析采用了蒙特卡罗法，评估结果如下。

图 4.27、图 4.28 分别显示了三站系统以倒三角形、三站线形布站的误差评估结果，可以看出两种布站方式的误差评估结果截然不同，倒三角形布站方式的误差呈现以布站系统为中心的收敛式阶层分布，三站线形布站的误差则以三站所在直线为中轴呈现极为对称的发散式阶层分布。直观看来，两种布站方式误差评估的白色区域面积大致相似，而处于第二阶层的灰色区域三站线形布站的误差评估结果要高于倒三角形布站的误差评估结果。

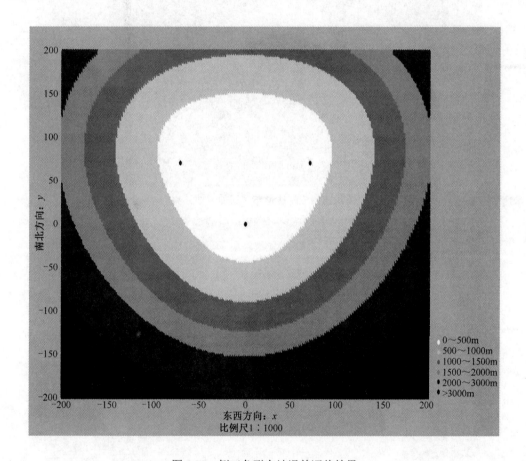

图 4.27 倒三角形布站误差评估结果

图 4.29、图 4.30 分别列出了四站线形、矩形布站的误差评估结果。矩形布站方式的误差评估结果与倒三角形布站的误差评估结果较为相似；而四站线形布站方式的误差评估结果有很高的对称性，直观看来其最小误差分布面积在 4 种布站方式的误差评估结果中最大。

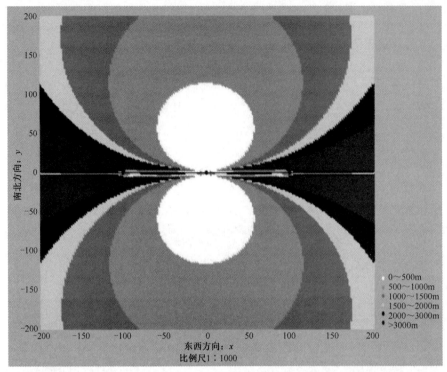

图 4.28　三站线形布站误差评估结果

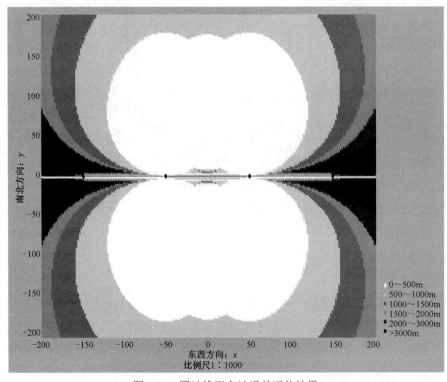

图 4.29　四站线形布站误差评估结果

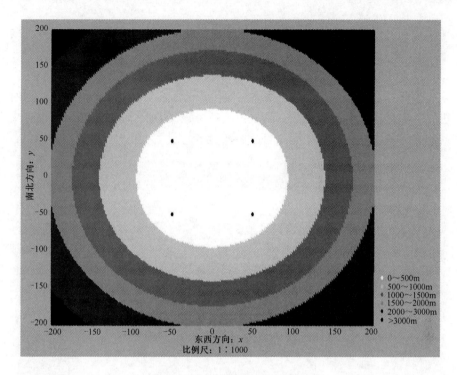

图 4.30　矩形布站误差评估结果

对闪电进行定位预测时产生的误差主要有两个来源。

第一个误差来源是，在对闪电定位过程中，需要对闪电电磁脉冲进行测量，此时产生的误差被称为测量误差。因为每个探测站探测到的闪电电磁脉冲的到达时间不同，再加上闪电电磁脉冲的传播容易受到地形的影响而发生畸变，从而引起测时误差。目前国内所采用的雷电探测仪，一般的有效探测距离在 300km 以内，最大测时误差不超过 3μs。

第二个误差来源是，雷电探测仪的布站引起的定位误差，即场地误差。引起场地误差场的一个主要原因是雷电探测仪安装过程中，有时会由于人为因素或仪器本身产生误差，该误差可以通过调整设备或定时检修来减小；另一个原因是在雷电探测仪安装场地周围有各种不同的环境地貌，其也会对闪电的定位产生一定的影响，造成定位误差。

3. 实例分析

重庆市有 5 个闪电定位站点，分别位于城口县、石柱土家族自治县、酉阳土家苗族自治县、云阳县、重庆市新牌坊，以国家大地坐标系与 WGS-84 坐标系的地球椭球参数为依据，根据坐标转换公式，将重庆市的 5 个闪电定位站点的大地坐标转换为地心直角坐标，并应用 GDOP 法分析定位误差。根据站点位置设计两种计算方案模型，如表 4.6 所示。

表 4.6　计算方案模型

方案	计算模型	线形站点	补充站点
方案一	线形一	酉阳、城口、石柱	新牌坊
方案二	线形二	云阳、酉阳、石柱	新牌坊

以实际数据为依据，对重庆市的闪电定位系统精度和误差进行叠加分析，对两种方案分别应用 GDOP 法进行模拟分析。在程序实现过程中，首先，利用大地坐标的转换方法将城口、石柱、酉阳、新牌坊、云阳 5 个站点的经纬度进行转换，将实际监测的位置数据通过可视化换算标注在二维平面坐标系内；然后，利用闪电定位系统的计算过程对闪电定位误差进行分类处理，得到模拟仿真结果；最后，以 GDOP 法为核心，将误差大小更直观地表现出来。模拟仿真结果如图 4.31、图 4.32 所示。

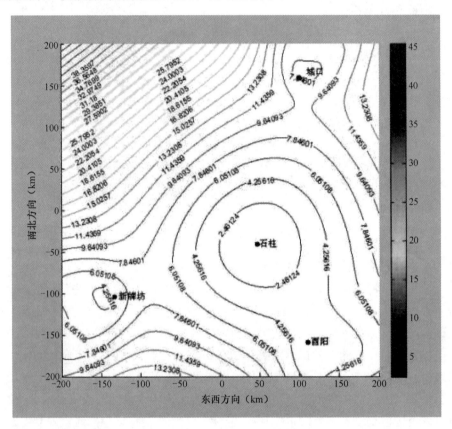

图 4.31 线形布站方案一模拟仿真结果

从模拟仿真结果可以看出，GDOP 法得到的值随着与站点距离的加大而逐渐增大，即闪电定位将在距离探测站越远的地方产生越大的误差。在方案一中，GDOP 法得到的值最小为石柱探测站附近的 2.46，最大达到 35.36。在方案二中，GDOP 法得到的值最小仍为石柱探测站附近的 2.49，最大为 38.55。随着 GDOP 法得到值的增大，精准度越来越小。两种方案中各站点 GDOP 法得到的值如表 4.7 所示。

表 4.7 两种方案中各站点 GDOP 法得到的值

方案	新牌坊	石柱	酉阳	云阳	城口
方案一	4.25	2.46	4.27	—	7.05
方案二	9.70	2.49	2.49	6.09	—

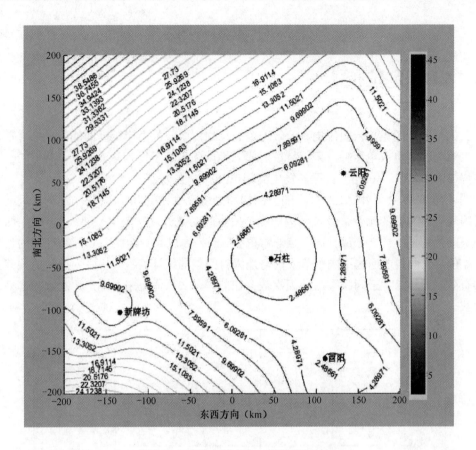

图 4.32　线形布站方案二模拟仿真结果

由表 4.7 的分析可以看出，方案一中 GDOP 法得到的值在新牌坊、石柱两个探测站要小于方案二，然而酉阳的 GDOP 法得到的值在方案二中要更小，定位更精确。因此，在探测过程中，通过软件分析，如果发现闪电位置更接近新牌坊应使用方案一的分析结果；如果更接近酉阳可以利用方案二的计算结果，以避免较大的误差出现。

以重庆市 5 个闪电定位站点探测系统于 2014 年 7 月、8 月闪电监测过程中获取的闪电定位资料为依据，通过 GIS 综合平台将前期处理的闪电数据进行克里金插值，得到可视化的结果，从不同的角度对闪电定位结果进行对比分析。

结果显示，2014 年 7 月、8 月重庆市 5 个闪电定位站点探测系统探测到了湖北、湖南、四川等地的闪电发生情况。在采用混合方案进行的闪电定位计算中，闪电发生地区的监测情况显示，定位误差较大的区域主要分布在重庆市西部，以及四川省北部沿线部分区域；而定位误差较小的区域主要分布在石柱东部区域，以及重庆市新牌坊站的西部地区。采用线形布站方案的闪电定位结果显示，误差分布较为均匀，5 个闪电定位站点探测系统内及重庆市的闪电定位精度均较高，而距离较远的成都市、湖南省等地出现较大闪电定位误差。

4.5　VHF 定位技术

云闪是云际闪电、云内闪电、云气闪电的总称，是一种不接触地面的闪电，也是最经常发生的一种闪电放电事件。云闪持续时间与地闪类似，平均为 0.5s。一个典型的云闪放电过程可以传播 5～10km，自然界发生的闪电 90%左右为云闪。

图 4.33 是芬兰 VAISALA 公司的全闪探测系统 SAFIR3000 系统探测的一次闪电过程中云闪与地闪次数的比较，以及云闪的提前发生时间统计。从图 4.33 中可以看出两点：一是云闪提前发生约 2 小时，这一点非常重要，因为通过某一地区的云闪与地闪的长期观测，就有可能得到该地区不同季节云闪与地闪时间差的统计特征，从而为地闪的预警预报提供有效手段；二是云闪次数与地闪次数存在差异，从总体上来看，云闪次数远远多于地闪次数。

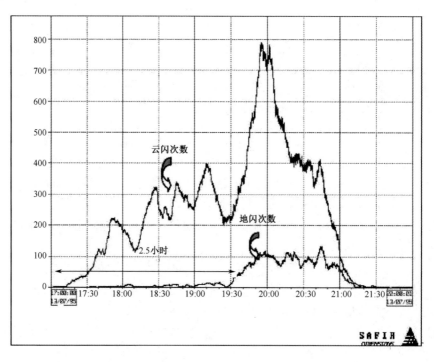

图 4.33　云闪与地闪次数的比较，以及云闪的提前发生时间统计

多数云闪是发生在云内部的闪电，包括云地闪的先导放电。相对于云地闪，云内部的放电过程是一个短距离的弱放电过程，因此在放电过程中产生的电磁辐射波长较短，只有几米到几十米，产生的电磁辐射频率在几十 MHz 到几百 MHz，因此处于甚高频段。如图 4.34 所示为在放电过程中产生不同频段的电磁辐射的物理过程。

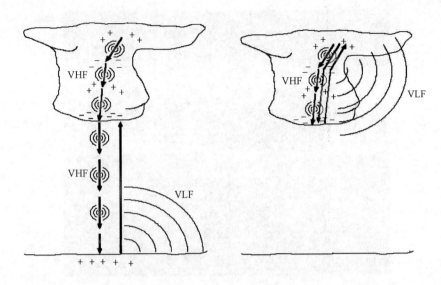

图 4.34　在放电过程中产生不同频段的电磁辐射的物理过程

由于 VLF/LF 频段雷电探测技术难以提供闪电通道快速发展过程的信息，20 世纪 70 年代后半期，科学家们又提出并实践了 VHF/TOA（时差技术）和 VHF/ITF（干涉定位技术）。VHF/TOA 对闪电产生的孤立脉冲的定位具有优势，而 VHF/IFT 对闪电产生的连续脉冲的定位更好一些。

相对于 VLF/LF 的云地闪探测，VHF 探测具有以下优势。

（1）在雷电探测过程中，VHF 信息比 VLF/VF 信息要丰富，因而系统能在 VHF 频段监测云闪活动，能够高效率地测定雷暴活动微放电过程中的云内闪电和云地闪。云内闪电的监测为雷暴活动的研究提供了更全面、更微观的资料。

（2）VHF 频段监测完成的是三维空间的放电定位，可通过三维系统给出雷电通道结构的发展情况，所得到的雷电空间的变化密度能够再现强风暴的生消发展、移动过程，可以更直观、更生动地将放电过程进行动态连续展示，如图 4.35 所示。

（3）VHF 频段脉冲沿直线传播，其传播受地面传导率、电离层变化、地形变化等的影响较小，而 VHF 干涉定位技术受雷电辐射源信号波形和振幅的影响也较小。

（4）VHF 频段监测比低频段监测的精度更高，一是 VHF 干涉定位技术通过相位测量受到的干扰小，二是可以通过缩短基线距离进一步提高定位精度。

星载 VHF～UHF 定位技术（TOA 和干涉定位技术）可以区别云闪和地闪，有两种卫星 VHF～UHF 定位系统正在研制、试运行中。一种是利用目前的 GPS 卫星系列，搭载类似 FORTE 上的 VHF 接收机，利用 DTOA 技术，实现全球闪电的定位监测。已有单个 GPS 卫星搭载这种接收机的试运行结果。另一种是利用干涉仪天线阵列，探测和定位闪电 VHF 频段的 ORAGES（Observation Radiolectriqueet Analyse Goniomtrique des Edairs par Satellite）。

图 4.35　三维云闪定位输出

4.5.1　VHF/ITF

　　VHF/ITF 也称 VHF 干涉仪闪电定位技术，是用干涉技术测定闪电放电辐射源位置的方法，包括窄带和宽带两种方法。VHF/ITF 一般采用若干个接收天线振子，它们之间有足够的波程差，当来波从不同的方位到达天线阵时，各个天线振子上接收到的信号将产生不同的相位差，测定这些天线振子之间接收到信号的相位差，原则上就能确定来波相对于天线阵的方位。法国科技人员进一步发展了 VHF/ITF，并使其变为商业产品，还在一些国家组网，提供闪电通道的二维图像，在一定的范围内还具有呈现闪电三维图像的能力；通过与低频闪电定位技术的结合，该产品还具备同时探测云闪和地闪的能力。

　　干涉仪的基本原理是，确定到达两个宽带接收天线的辐射信号的各傅里叶频谱分量的相位差，进而计算辐射源的方位角和仰角。最简单的干涉仪由距离一定的两个接收天线构成，如图 4.36 所示。

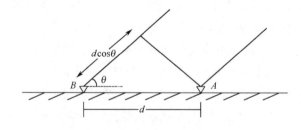

图 4.36　两个天线构成的干涉仪的原理示意

　　在图 4.36 中，A、B 是两个接收天线，它们之间的距离 d 称为基线长度，宽带干涉仪利用高速数据采集系统同步记录来自接收天线的宽带信号。到达接收天线 A 的宽带辐射信

号可表示为 $f(t)$，到达接收天线 B 的宽带辐射信号可表示为 $f(t-\tau)$，这里 τ 为辐射信号的延迟时间，则宽带辐射信号的频域表达式为

$$f(t)=\int_{-\infty}^{+\infty}F(\omega)\mathrm{e}^{\mathrm{i}\tau t}\mathrm{d}\omega \tag{4.6}$$

$$f(t-\tau)=\int_{-\infty}^{+\infty}F(\omega)\mathrm{e}^{\mathrm{i}\tau(t-\tau)}\mathrm{d}\omega=\int_{-\infty}^{+\infty}F(\omega)\mathrm{e}^{\mathrm{i}\tau t}\mathrm{e}^{-\mathrm{i}\tau t}\mathrm{d}\omega \tag{4.7}$$

式（4.5）和式（4.6）仅有相位因子 $\mathrm{e}^{-\mathrm{i}\tau t}$ 的差别，因此宽带辐射信号到达两个接收天线的相位差为

$$\Delta\phi=\omega\tau=2\pi f\tau \tag{4.8}$$

式中，$\tau=d\cos\theta/c$，f 和 θ 分别是宽带辐射信号的频率和入射角，c 是光速。因此，式（4.8）可写为

$$\Delta\phi=\omega\tau=2\pi fd\cos\theta/c \tag{4.9}$$

对接收的信号进行快速傅里叶变换（FFT），即可得到两个接收天线接收到的宽带辐射信号之间的相位差谱，由式（4.9）可得宽带辐射信号到达天线阵的入射角。

为得到辐射源的二维角度信息，即方位角和仰角，干涉仪必须包括 3 个以上的天线，构成两条不在同一条直线上的基线。为简单起见，通常用两个相互垂直的基线——正交基线，然后经简单的球面三角运算后即可得到相应辐射源的方位角和仰角。

在实际定位系统中，由于噪声的存在，设两个接收天线的接收信号分别为

$$x_i=s(t)\exp\left[(-1)^i\mathrm{j}\pi\frac{d}{\lambda}\cos\theta\right]+n_i(t),\ i=1,2 \tag{4.10}$$

式中，以两个接收天线之间的中点为参考点，负号表示相位超前；d 为接收天线之间的距离；λ 表示接收信号的波长；θ 表示接收信号的仰角；$n_i(t)$ 表示对应接收天线所接收到的噪声，并且设噪声之间统计相互独立，同时与信号统计独立。

对接收信号进行互相关运算，得

$$r_{21}=E\left\{x_1(t)\cdot x_2^*(t)\right\}=P_s\exp\left(\mathrm{j}2\pi\frac{d}{\lambda}\cos\theta\right) \tag{4.11}$$

式中，P_s 表示信号功率，进行相关运算后噪声得到抑制。由式（4.10）可得

$$\theta=\arccos\left[\frac{\lambda}{2\pi d}\arg(r_{21})+\frac{k\lambda}{d}\right] \tag{4.12}$$

式中，arccos 表示反余弦函数；arg 代表复数取幅角运算，区间为 $[-\pi,\pi]$；k 为整数，且 k 满足

$$-\frac{d}{\lambda}-\frac{\arg(r_{21})}{2\pi}\leqslant k\leqslant\frac{d}{\lambda}-\frac{\arg(r_{21})}{2\pi} \tag{4.13}$$

在式（4.13）中，当 $d/\lambda>0.5$ 时，k 的取值不唯一，θ 有多个解，由此产生测向模糊。

对式（4.12）求导，得

$$|\Delta\theta|=\frac{\lambda}{3\pi d|\sin\theta|}|\Delta\arg(r_{21})| \tag{4.14}$$

由式（4.14）可得到如下结论：$|\sin\theta|$ 越大，仰角越大，测向精度越高；反之，仰角

越小，测向精度越低。当 $\theta = 0°$ 或 $180°$ 时，即当信号从水平方向入射时，接收信号的互相关幅角 $\arg(r_{21})$ 无法反映方位角的变换，测向无效。

图 4.37 表示由 5 个接收天线构成的天线阵。5 个接收天线构成一对成直角的长短基线，组成一个接收平面。基线间实现共享，以减少所需接收系统的数量。长基线为 4λ，它能够准确测定辐射源的方向，但辐射源的实际位置可能位于该方向上干涉仪的任意一侧。短基线长为 $\lambda/2$，它能够测定辐射源的大致位置，进而与长基线所测结果共同确定辐射源的具体位置。其中，天线 1、2、3 放置在向东的方向，即水平方向；天线 1、4、5 放置在向北的方向，即垂直方向；各个天线间的距离如图 4.37 所示。

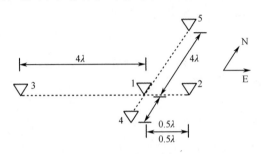

图 4.37 由 5 个天线构成的天线阵进行二位测向原理框图

设辐射源的仰角，即与水平面的夹角为 θ；方向角，即与正东方的夹角为 ϕ，则各个接收天线所接收到的信号为

$$\begin{cases} x_1 = G_1 s(t)\exp(ja) + n_1(t) \\ x_2 = G_2 s(t)\exp\left[ja - j2\pi\dfrac{0.5\lambda}{\lambda}\cos\phi\cos\theta\right] + n_2(t) \\ x_3 = G_3 s(t)\exp\left[ja + j2\pi\dfrac{4\lambda}{\lambda}\cos\phi\cos\theta\right] + n_3(t) \\ x_4 = G_4 s(t)\exp\left[ja + j2\pi\dfrac{0.5\lambda}{\lambda}\cos(90°-\phi)\cos\theta\right] + n_4(t) \\ x_5 = G_5 s(t)\exp\left[ja - j2\pi\dfrac{4\lambda}{\lambda}\cos(90°-\phi)\cos\theta\right] + n_5(t) \end{cases} \tag{4.15}$$

式中，$s(t)$ 为辐射源到达天线阵的信号，$G_i\,(i = 1 \sim 5)$ 为各个接收天线的接收增益，选取天线 1 为基准点，其接收信号 $s(t)$ 的初相位为 a，则其他接收天线所接收的信号如式（4.16）所示。对水平方向的 3 个接收天线的接收信号进行互相关运算，得

$$r_{21} = G_1 G_2 P_s \exp(-j\pi\cos\theta) \tag{4.16}$$

$$r_{31} = G_3 G_1 P_s \exp(j8\pi\cos\phi\cos\theta) \tag{4.17}$$

r_{21}、r_{31} 的幅角分别为

$$\beta_{21} = \arg(r_{21}) + 2k_1\pi = -\pi\cos\phi\cos\theta \tag{4.18}$$

$$\beta_{31} = \arg(r_{31}) + 2k_2\pi = 8\pi\cos\phi\cos\theta \tag{4.19}$$

同理可求得 r_{41}、r_{51} 的幅角分别为

$$\beta_{41} = \arg(r_{41}) + 2k_3\pi = \pi\cos(90° - \phi)\cos\theta \tag{4.20}$$

$$\beta_{51} = \arg(r_{51}) + 2k_4\pi = -8\pi\cos(90° - \phi)\cos\theta \tag{4.21}$$

则

$$
\begin{aligned}
\beta_{21} - \beta_{41} &= \arg(r_{21}) - \arg(r_{41}) + 2(k_1 - k_3)\pi \\
&= -\pi\big[\cos\phi + \cos(90° - \phi)\big]\cos\theta = -2\pi\cos 45°\cos(\phi - 45°)\cos\theta
\end{aligned} \tag{4.22}
$$

$$
\begin{aligned}
\beta_{21} + \beta_{41} &= \arg(r_{21}) + \arg(r_{41}) + 2(k_1 + k_3)\pi \\
&= -\pi\big[\cos\phi - \cos(90° - \phi)\big]\cos\theta = 2\pi\sin 45°\sin(\phi - 45°)\cos\theta
\end{aligned} \tag{4.23}
$$

由式（4.22）、式（4.23）得

$$\frac{\beta_{21} + \beta_{41}}{\beta_{21} - \beta_{41}} = -\tan(\phi - 45°) \tag{4.24}$$

则方位角为

$$\phi = \arctan\left(-\frac{\beta_{21} + \beta_{41}}{\beta_{21} - \beta_{41}}\right) + 45°$$

同样地，由式（4.21）、式（4.22）得

$$
\begin{aligned}
&(\beta_{21} - \beta_{41})^2 + (\beta_{21} + \beta_{41})^2 \\
&= 4\pi^2 \cdot \frac{1}{2} \cdot \big[\cos^2(\phi - 45°) + \sin^2(\phi - 45°)\big]\cos^2\theta
\end{aligned} \tag{4.25}
$$

则可得仰角为

$$\theta = \arccos\left[\frac{\sqrt{2}}{2}\pi\sqrt{(\beta_{21} - \beta_{41})^2 + (\beta_{21} + \beta_{41})^2}\right] \tag{4.26}$$

由式（4.18）、式（4.20）可得：$|-\pi\cos\phi\cos\theta| \leqslant \pi$，且 $|\pi\cos(90° - \phi)\cos\theta| \leqslant \pi$，即当 β_{21} 和 β_{41} 的幅角在 $[-\pi, \pi]$ 时，k_1、k_3 取唯一值，故不存在测向模糊现象。同理可得，$|8\pi\cos\phi\cos\theta| \leqslant 8\pi$，且 $|-8\pi\cos(90° - \phi)\cos\theta| \leqslant 8\pi$，即当 β_{31} 和 β_{51} 的幅角在 $[-\pi, \pi]$ 时，k_2、k_4 的取值不为零，故存在测向模糊现象。但由式（4.25）、式（4.26）估计出的方位角和仰角，可以确定 k_2、k_4 的取值，从而可由式（4.19）、式（4.21）估计出更精确的方位角和仰角。由式（4.25）、式（4.26）可知：仰角、方位角的估算与信道的增益、接收信号的能量无关，仅与接收信号的相位关系有关，故由式（4.25）、式（4.26）进行闪电位置的估算能够提高干涉仪的探测效率。

4.5.2　VHF/TOA

VHF/TOA 是低频 TOA 法在 VHF 闪电辐射源三维空间定位方面的扩展。特别是，随着 GPS 技术的发展和成熟，VHF/TOA 得到了进一步发展。VHF/TOA 一般采用窄带甚高频长基线时差法，对每个闪电辐射源以很高的时间分辨率（50ns）和空间精度（50～100m）进行定位，可以展现闪电放电 VHF 辐射源的三维时空演变过程，同时以与低频闪电定位系统集成的方式进行云闪和地闪的综合探测。

美国完成了 VHF/TOA 向生产商业产品的过渡，该产品具有与 VLF/LF 和 MDF/TOA 兼容的二维和三维显示能力，同时大大改善了闪电定位网对云闪探测不足的缺点。由于 VHF 是视距传播，因此要把天线尽量升高，并力求天线周围无遮挡物。但该系统没有探测地闪落地点的能力，仍需要利用 VLF/LF 的波形鉴别技术来区分云闪或地闪。

相对于 VHF/TOA 技术，VHF/ITF 技术对时间同步的要求略低一些，对信号强度的要求也低一些。但是，它的一个探测站具有多个天线，安装要求较高。其探测数据要经过比较复杂的处理，而不像 TOA 法那么简单直接。试验研究发现，VHF/TOA 技术对闪电产生的孤立脉冲的定位具有优势，而 VHF/ITF 技术对闪电产生的连续脉冲的定位更好一些。

与 VLF/LF 频段相比，VHF 频段的闪电组网探测，具有较高的定位精度，可以监测闪电的时空发展，特别是 VHF 频段闪电探测系统对云闪过程的探测，可以对闪电的初始击穿放电和继后放电的全过程进行监测，其时间分辨率也较高。但是，VHF 频段电磁波的传播因视距所限，其探测站的基线距离较近，一般更适用于局地闪电探测。

4.5.3　VHF 定位技术误差分析

VHF 定位技术的误差主要来自 4 个方面。

1. GPS 时钟误差

当代雷电定位系统的时间观测主要用 GPS 时钟。GPS 时钟误差主要包括钟差、频偏、频漂等，也包含时钟的随机误差。GPS 时钟的误差一般可用二阶多项式的形式表示：

$$\Delta t = a_0 + a_1(t - t_0) + a_2(t - t_0)^2 t \tag{4.27}$$

式中，t_0 为参考时刻，系数 a_0、a_1、a_2 分别表示时钟在 t_0 时刻的钟差、频偏和频漂，这些数值都可以通过导航电文获取。

通过以上时钟模型校正，各探测站时钟之间的同步差可以保持在 20ns 以内，由此引起的等效偏差不会超过 6m。

2. 对流层延迟误差

对流层是从地面向上约 40km 范围的大气层。对流层具有很强的对流作用，云、雾、雨、雪、雷等主要天气现象均出现在其中。雷电信号通过对流层时，传播路径会发生弯曲，从而使距离测量产生偏差，也就是使时间测量产生偏差，这种现象叫作对流层折射，其中，干分量占 80%～90%，湿分量占 10%～20%。当定位精度要求不高时，对流层折射可以忽略。

可以采用对流层模型对对流层延迟进行校正，其校正模式一般有 Hopfied 模型、改进的 Hopfied 模型、Saastamoinen 模型等。使用较多的 Hopfied 模型公式为

$$d_{\text{T}} = \frac{k_{\text{d}}}{\sin\sqrt{E^2 + 6.25}} + \frac{k_{\text{w}}}{\sin\sqrt{E^2 + 2.25}} \tag{4.28}$$

式中，d_{T} 为对流层折射校正值，以 m 为单位；k_{d} 为干分量引起的校正，$k_{\text{d}} = 1.552 \times 10^{-5}(P/T)(h_{\text{d}} - h)$，其中，$h_{\text{d}} = 148.72T - 486.87$，$T$ 为探测站地面的绝对温度（单

位为 K），P 为探测站的大气压力（单位为 mbar），h 为探测站高程（单位为 m）；k_w 为湿分量引起的改正值，$k_w = 7.465 \times 10^{-2} (e/T^2)(11000 - h)$，其中，$e$ 为探测站水汽分压（单位为 mbar）。

3. 多路径效应的影响

多路径是指雷电信号通过几种不同路径传输到探测站：一种路径是雷电信号直接传输到探测站，这是有用的；另一种路径是雷电信号被探测站周围的障碍物一次或多次反射后传输到探测站，这是不需要的。多路径导致雷电信号间的干涉影响测量结果。对试验资料进行分析，结果表明，在一般反射环境下，多路径效应对测距的影响可达米级；而在高反射环境下，多路径效应的影响不仅显著增大，而且常常会导致接收的雷电信号失锁。目前，减弱多路径效应影响的措施主要有：选择合适的地面探测站地址，应避开较强的反射面，如远水面、平坦光滑的地面和平整的建筑物表面等；选择造型适宜且屏蔽良好的天线，如采用扼流线圈天线等；适当延长探测时间，削弱多路径效应的周期性影响。

4. 图形因素误差分析

1）空间点位误差

云闪雷电三维定位的基本原理是，基于时差法的球球相交。因为云闪一般发生在大气层的对流层，闪电位置与探测站的距离一般为几十千米到上百千米，远远大于时间观测误差产生的等效距离误差，所以可以用相应点所在球面的切平面来代替球面。

如图 4.38 所示，设地面探测站 DF_i 和 DF_j 与闪电位置 P 之间的距离分别为 ρ_i 和 ρ_j，则通过点 P 所做的两个球面的切平面 H_i 和 H_j 即位置面，其交会角 θ_{ij} 等于闪电位置 P 到探测站 DF_i 和 DF_j 之间的张角。

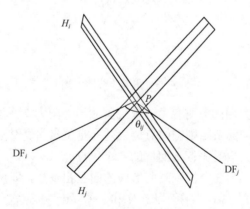

图 4.38　位置面的交会角

设点 P 和探测站 DF_i、DF_j 在同一个空间直角坐标系中的坐标分别为 (x_P, y_P, z_P)、(x_i, y_i, z_i)、(x_j, y_j, z_j)，则

$$\cos\theta_{ij} = a_i a_j + b_i b_j + c_i c_j \qquad (4.29)$$

式中，a_i、b_i、c_i 及 a_j、b_j、c_j 分别为探测站 DF_i 和 DF_j 到 P 点的方向余弦，有

$$a_i = \cos\alpha_i = (x_P - x_i)/\rho_i \qquad b_i = \cos\beta_i = (y_P - y_i)/\rho_i$$
$$c_i = \cos\gamma_i = (z_P - z_i)/\rho_i \qquad a_j = \cos\alpha_j = (x_P - x_j)/\rho_j$$
$$b_j = \cos\beta_j = (y_P - y_j)/\rho_j \qquad c_j = \cos\gamma_j = (z_P - z_j)/\rho_j$$

式中，α_i、β_i、γ_i 及 α_j、β_j、γ_j 分别为 $P\text{-}DF_i$ 及 $P\text{-}DF_j$ 到 X、Y、Z 坐标轴的方向夹角；$\rho_i = \sqrt{(x_P - x_i)^2 + (y_P - y_i)^2 + (z_P - z_i)^2}$ 和 $\rho_j = \sqrt{(x_P - x_j)^2 + (y_P - y_j)^2 + (z_P - z_j)^2}$ 分别为探测站 DF_i 和 DF_j 与 P 点的距离。

2）空间点位误差分布

设雷电发生时刻已知，且忽略其他误差，现在只要有 3 个探测站的雷电信号到达时刻就可以确定闪电位置，所以此处主要考虑 3 个探测站形成的球球相交的情况。设探测站时间观测误差最大值为 σ_t，则由此引起的最大等效距离误差为 $\sigma_s = c\sigma_t$，其中 c 为光速。空间点位误差分布可用误差平行六面体表示，如图 4.39 所示。点 P 为真交点，即没有时间误差的真位置面 H_1、H_2、H_3 的交点。设 3 个真位置面由于 $\pm\sigma_s$ 产生位移，分别得到 H_1'、H_1''、H_2'、H_2''、H_3'、H_3''。因为夹角绝对值很小，所以可以认为位置面是平行移动的，故 6 个平移位置面构成平行六面体 $ABCD\text{-}EFGH$。实际定位点分布在该平行六面体之内，即由误差平行六面体可以直观地看出定位点分布的可能范围。

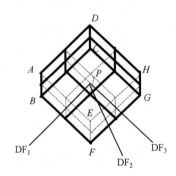

图 4.39　误差平行六面体

空间点位误差与位置面的夹角有关，取位置面的夹角为 θ。由图 4.39 可见，对于相同的距离误差，θ 取不同的值，则空间点位误差（定位点与真交点的距离）取不同的值。空间点位误差最大的点为误差平行六面体的八个顶点。

从几何学的角度看，当 3 个探测站所形成的面互相垂直，即位置面夹角都为 90° 时，其空间点位误差最小，为 $\sqrt{3}\sigma_s$。下面以点 A 和点 G 为例推导误差平行六面体顶点的空间点位误差 σ_A 和 σ_G 的大小。

A 点为 3 个平面的交点：

$$a_1 x + b_1 y + c_1 z = f_1 + \sigma_s$$
$$a_2 x + b_2 y + c_2 z = f_2 - \sigma_s$$
$$a_3 x + b_3 y + c_3 z = f_1 - \sigma_s$$

G 点为 3 个平面的交点：

$$a_1 x + b_1 y + c_1 z = f_1 - \sigma_s$$
$$a_2 x + b_2 y + c_2 z = f_2 + \sigma_s$$
$$a_3 x + b_3 y + c_3 z = f_1 + \sigma_s$$

式中，$f_i = a_i \rho_i x_P + b_i \rho_i y_P + c_i \rho_i z_P$（$i = 1, 2, 3$），则有

$$\sigma_A = \sigma_G = \frac{1}{2} AG = \sigma_s \sqrt{\frac{M}{N}}$$

式中

$$M = 3 - \left(\cos^2 \theta_{12} + \cos^2 \theta_{13} + \cos^2 \theta_{23} \right) + 2 \left(\cos \theta_{12} + \cos \theta_{13} + \cos \theta_{23} \right) -$$
$$2 \left(\cos \theta_{13} \cos \theta_{23} + \cos \theta_{12} \cos \theta_{23} - \cos \theta_{12} \cos \theta_{13} \right)$$

$$N = 1 - \left(\cos^2 \theta_{12} + \cos^2 \theta_{13} + \cos^2 \theta_{23} \right) + 2 \left(\cos \theta_{12} \cos \theta_{13} \cos \theta_{23} \right)$$

因此，空间点位误差大小与距离观测误差 σ_s 和探测站的图形因素有关。在距离观测误差相同的情况下，主要考虑图形因素的影响。θ 越大，$\cos \theta$ 越小，分母的值就越大，分数就越小，精度就越高。所以，闪电位置和各个探测站之间的张角越大越好，当 $\theta = 90°$ 时，误差平行六面体就变为正六面体，其中点 P 的空间点位误差最小，为 $\sqrt{3} \sigma_s$。

4.6　VHF 闪电定位系统

4.1 节主要讨论了基于甚低频/低频（VLF/LF）电磁脉冲探测法的地闪探测系统。要实现对包括云闪在内的全天空闪电监测，就需要利用 VHF 频段闪电辐射源定位系统确定闪电的水平方位和仰角。

4.6.1　SAFIR 雷电监测系统

法国 Demiensions 公司于 20 世纪 80 年代推出了闪电监测和雷暴预警系统——SAFIR 系统（见图 4.40）。该系统能够实时监测云闪和地闪的发展过程，并提供三维空间定位。目前，SAFIR 系统已经发展成熟，并在欧洲和亚洲的一些国家建网使用。SAFIR 系统与以前的闪电探测系统相比，具有以下优势：

（1）可以更早地发现雷暴；

（2）利用三维地图，可以更好地展示雷暴区域的地图效果；

（3）通过云间闪电的探测，能够更好地识别强风暴单体；

（4）通过实时监测，可以得到基于高数据分辨率的雷暴发展的连续跟踪效果；

（5）提供强雷暴临近预警的决策信息；

（6）克服了常规云地闪探测技术的局限性，可以实现云闪和地闪的全面探测，创建了全天空闪电的探测技术；

（7）通过多站组网探测与干涉技术的应用，在探测效率和定位精度方面表现更加优异；

（8）得益于大范围的全天空闪电的三维绘图，可以向更多用户提供基于三维空间的闪电发生和发展信息，扩展了闪电定位资料的应用。

图 4.40　安装在罗马尼亚塔尔库（Tarcu）峰上的 SAFIR 系统子站

该系统的技术参数如下。

（1）工作频率范围：VHF 频段为 110～118MHz，LF 频段为 300Hz～3MHz；

（2）动态范围：100dB；

（3）时间分辨率：100μs；

（4）探测种类：云地闪，云闪；

（5）探测效率：≥95%；

（6）探测（定位）精度：500m；

（7）探测基线距离：100～200km。

如图 4.41～图 4.42 所示，SAFIR 系统由 2 个以上 SAFIR 系统子站组成。每个 SAFIR 系统子站由天线系统（包括 VHF 干涉仪天线、LF 传感器天线、GPS 天线）、VHF 干涉仪前放和接收电路、信号鉴别处理和分析电路、电源电路、通信接口等部分组成。

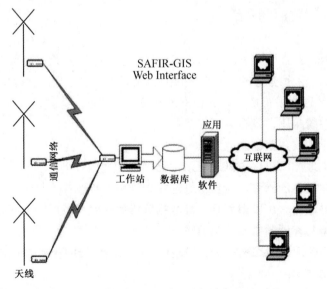

图 4.41　SAFIR 系统结构

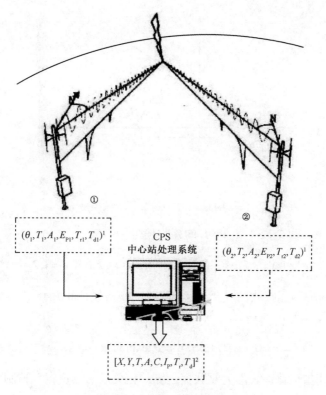

图 4.42　SAFIR 系统原理示意

SAFIR 系统采用 VHF 干涉测量技术测向，再利用交汇法（由 2 个以上探测站同时观测得到的方位角）确定闪电平面和空间位置，即使用一个包含 8 个天线单元的天线组，布置在一个圆环上，在 360° 范围内均匀分布，保持各天线单元相距 45° 的相位差。利用这个相位差可以得到闪电发生地点与干涉仪天线阵之间的角度数据。在收到探测子站探测的闪电角度数据后，CPS 中心站处理系统利用三角测量定位技术便可以确定雷电发生的位置。

4.6.2　相位干涉仪测向原理及误差分析

如图 4.43 所示的一维双阵元干涉仪模型是一个最简单的干涉仪模型。

间隔为 d（称为基线）的两个天线 A_1 和 A_2 所接收的远场辐射信号之间的相位差为

$$\phi = (4\pi d/\lambda)\cos\theta \tag{4.30}$$

式中，λ 为接收的辐射信号的波长，θ 为辐射源的到达方位角。因此，只要测量得到 ϕ，就能计算出辐射源的到达方位角：

$$\theta = \arccos\left(\frac{\phi\lambda}{4\pi d}\right) \tag{4.31}$$

可见，方位角与接收信号互相关的俯角之间有简单的对应关系，这就是干涉仪的测向原理。

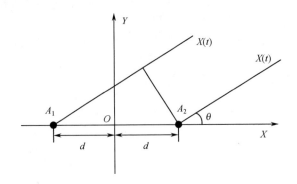

图 4.43　一维双阵元干涉仪模型

在实际系统中，两个天线 A_1 和 A_2 的接收信号为

$$x_i(t) = s(t)\exp\left[(-1)^j 2\pi \frac{d}{\lambda}\cos\theta\right] + n_i(t), \ i = 1,2 \tag{4.32}$$

式中，$n_i(t)$ 代表对应阵元接收的噪声，两个阵元的噪声统计相互独立，且与信号统计独立。两个阵元接收信号的互相关为

$$r = E\{x_1(t) * x_2(t)\} = P_s \exp(j4)\pi \frac{d}{\lambda}\cos\theta \tag{4.33}$$

式中，E 为数学期望运算，"$*$" 为复共扼运算，相关以后噪声得到抑制。

由式（4.33）有

$$\theta = \arccos\left[\frac{\lambda}{4\pi d}\arg(r_{21}) + \frac{k\lambda}{2d}\right] \tag{4.34}$$

式中，arccos 为反余弦函数；arg 为复数取幅角运算，区间为 $[-\pi,\pi]$；k 为整数，且 k 满足

$$-\frac{d}{\lambda} - \frac{\arg(r_{21})}{2\pi} \leqslant k \leqslant \frac{d}{\lambda} - \frac{\arg(r_{21})}{2\pi} \tag{4.35}$$

在式（4.35）中，当 $d/\lambda > 0.5$ 时，k 的取值不唯一，θ 有多个解，由此产生测向模糊现象。

对式（4.34）求导，有

$$|\Delta\theta| = \frac{\lambda}{3\pi d|\sin\theta|}|\Delta\arg(r_{21})| \tag{4.36}$$

由式（4.36）可得到如下结论：$|\sin\theta|$ 越大，即仰角越大，测向精度越高；反之，随着仰角的减小，测向精度降低，当 $\theta = 0°$ 或 $180°$ 时，即当信号从水平方向入射时，接收信号的互相关幅角 $\arg(r_{21})$ 反映不出方位角的变换，测向无效。但是，单基线干涉仪不能同时测量仰角和方位角，此时至少需要另一个独立基线的干涉仪，以对测得的数据进行联合求解。

4.6.3　二维相位干涉仪测向原理及去模糊处理

假设在一个基准平面上配置两个天线 A 和 B，天线 A、天线 B 和基准平面中心 o 构成

了一个基线相互垂直的二维相位干涉仪，如图 4.44 所示。在图 4.44 中，*ox* 轴与卫星的飞行方向一致，*oz* 轴由天线圆心 *o* 与星下点的连线构成，*oy* 轴构成右手坐标系。目标 *T*（辐射源）位于地球表面上。

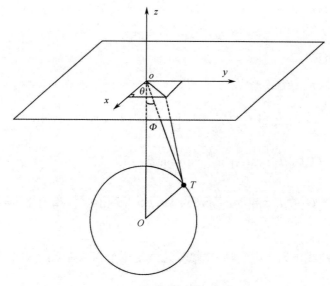

图 4.44　二维相位干涉仪模型

不难看出，对于天线 *A* 和天线 *B*，其接收的信号为

$$x_a(t) = s(t)\exp\left[(-1)^{\mathrm{j}}\mathrm{j}2\pi\frac{d}{\lambda}\sin\varphi\cos\theta\right] + n_1(t) \tag{4.37}$$

$$x_b(t) = s(t)\exp\left[(-1)^{\mathrm{j}}\mathrm{j}2\pi\frac{d}{\lambda}\sin\varphi\cos(\theta-90°)\right] + n_2(t) \tag{4.38}$$

4.6.4　五元圆形天线阵干涉仪模型

五通道相位干涉仪采用宽口径、多基线的五元圆形天线阵，如第 2 章所述，其干涉仪模型如图 4.45 所示。

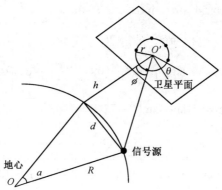

图 4.45　五元圆形天线阵干涉仪模型

五边形的五个阵元均匀分布在半径为 R 的圆上，各个阵元的接收信号为

$$x_i(t) = G_i s(t) \exp\left[j2\pi\frac{R}{\lambda}\sin\varphi\cos(\theta + 54° - 72°i)\right] + n_i, \quad i = 1\sim 5 \qquad (4.39)$$

式中，G_i 代表接收信道增益，当天线与接收信道幅相特性一致时取 1。

以下对高频段和低频段测向算法分别进行讨论。

1. 高频段测向算法

$$\begin{aligned}
r_{i,j+1} &= E\left\{x_i(t)x_{i+1}^*(t)\right\} \\
&= G_i G_{i+1} P_N \exp\left\{j2\pi\frac{R}{\lambda}\sin\varphi\left[\cos(\theta + 54° - 72°i) - \cos(\theta - 18° - 72°i)\right]\right\} \\
&= G_i G_{i+1}^* P_s \exp\left\{-j4\pi\frac{R}{\lambda}\sin\varphi\sin(\theta - 18° - 72°i)\sin 36°\right\} \\
&= G_i G_{i+1}^* P_s \exp\left[j4\pi\frac{R}{\lambda}\cos 54°\sin\varphi\cos(\theta + 108° - 72°i)\right], \quad i = 1\sim 5
\end{aligned}$$

其中，定义 $r_{56} = r_{51}$。

采用五边形边线作为高频段测向基线，边线上两个相邻阵元的接收信号之间的互相关如式（4.39）所示。

计算 θ 和 φ 的过程如下。

因为 $r_{i,j+1}$ 的幅角为

$$a_{i,j+1} = \arg(r_{i,j+1}) + 2k_2\pi = 4\pi\frac{R}{\lambda}\cos 54°\sin\varphi\cos(\theta + 108° - 72°i)$$

$r_{i+3,j+4}$ 的幅角为

$$a_{i+3,j+4} = \arg(r_{i+3,j+4}) + 2k_1\pi = 4\pi\frac{R}{\lambda}\cos 54°\sin\varphi\cos(\theta - 108° - 72°i)$$

所以有

$$\begin{aligned}
a_{i+3,j+4} - a_{i,j+1} &= \arg(r_{i+3,j+4}) - \arg(r_{i,j+1}) + 2(k_1 - k_2)\pi \\
&= 4\pi\frac{R}{\lambda}\cos 54°\sin\varphi\left[\cos(\theta - 108° - 72°i) - \cos(\theta + 108° - 72°i)\right] \\
&= 8\pi\frac{R}{\lambda}\cos 54°\sin\varphi\sin(\theta - 72°i)\sin 108°
\end{aligned}$$

$$\begin{aligned}
a_{i+3,j+4} + a_{i,j+1} &= \arg(r_{i+3,j+4}) + \arg(r_{i,j+1}) + 2(k_1 + k_2)\pi \\
&= 4\pi\frac{R}{\lambda}\cos 54°\sin\varphi\left[\cos(\theta - 108° - 72°i) + \cos(\theta + 108° - 72°i)\right] \\
&= 8\pi\frac{R}{\lambda}\cos 54°\sin\varphi\sin(\theta - 72°i)\cos 108°
\end{aligned}$$

因此得到 $\theta = a\tan 2\left[(a_{i+3,j+4} - a_{i,j+1})\csc 108°, (a_{i+3,j+4} + a_{i,j+1})\sec 108°\right] + 72°i$ (4.40)

$$\varphi = \arcsin\left\{\frac{\lambda\sec 54°}{8\pi R}\sqrt{\left[\csc 108°(a_{i+3,j+4} - a_{i,j+1})\right]^2 + \left[\csc 108°(a_{i+3,j+4} + a_{i,j+1})\right]^2}\right\} \qquad (4.41)$$

式中，$i = 1 \sim 5$，令 $r_{56} = r_{51}$、$r_{67} = r_{12}$、$r_{76} = r_{23}$、$r_{39} = r_{34}$；$a\tan 2(y, x)$ 为四象限求反正切函数；arcsin 为反正弦函数；k_1、k_2 为整数，且满足

$$-\frac{4R}{\lambda} \sin\varphi \cos 54° \sin 108° - \frac{\arg(r_{i+3,j+4}) - \arg(r_{i,j+1})}{2\pi} \leqslant k_1 - k_2 \leqslant \frac{4R}{\lambda} \sin\varphi \cos 54° \sin 108° -$$

$$\frac{\arg(r_{i+3,j+4}) - \arg(r_{i,j+1})}{2\pi} \tag{4.42}$$

$$\frac{4R}{\lambda} \sin\varphi \cos 54° \cos 108° - \frac{\arg(r_{i+3,j+4}) + \arg(r_{i,j+1})}{2\pi} \leqslant k_1 + k_2 \leqslant -\frac{4R}{\lambda} \sin\varphi \cos 54° \cos 108° -$$

$$\frac{\arg(r_{i+3,j+4}) + \arg(r_{i,j+1})}{2\pi} \tag{4.43}$$

只有当 $\left| 4\pi R \cos 54° \cos 108° \dfrac{\sin\varphi}{\lambda} \right| \leqslant \pi$，即 $r_{i,j+1}$ 的幅角在 $[-\pi, \pi]$ 时，k_1、k_2 才取唯一值 0。

2. 低频段测向算法

采用五边形对角线作为低频段测向基线，对角线上两个阵元接收信号之间的互相关为

$$r_{i,j+2} = E\left\{ x_i(t) x_{i+2}^*(t) \right\}$$

$$= G_i G_{i+2} P_s \exp\left\{ \mathrm{j}2\pi \frac{R}{\lambda} \sin\varphi \left[\cos(\theta + 54° - 72°i) - \cos(\theta - 90° - 72°i) \right] \right\}$$

$$= G_i G_{i+2}^* P_s \exp\left\{ -\mathrm{j}4\pi \frac{R}{\lambda} \sin\varphi \sin(\theta - 18° - 72°i) \sin 72° \right\} \tag{4.44}$$

$$= G_i G_{i+2}^* P_s \exp\left[\mathrm{j}4\pi \frac{R}{\lambda} \cos 18° \sin\varphi \cos(\theta + 72° - 72°i) \right], \quad i = 1 \sim 5$$

其中，定义 $r_{56} = r_{51}$、$r_{46} = r_{41}$。

计算 θ 和 φ 的过程如下。

因为 $r_{i,j+2}$ 的幅角为 $a_{i,j+2} = \arg(r_{i,j+2}) + 2k_4\pi = 4\pi \dfrac{R}{\lambda} \cos 18° \sin\varphi \cos(\theta + 72° - 72°i)$

$r_{i+3,j+5}$ 的幅角为 $a_{i+3,j+5} = \arg(r_{i+3,j+5}) + 2k_3\pi = 4\pi \dfrac{R}{\lambda} \cos 18° \sin\varphi \cos(\theta - 144° - 72°i)$

所以有 $a_{i+3,j+5} - a_{i,j+2} = \arg(r_{i+3,j+5}) - \arg(r_{i,j+2}) + 2(k_3 - k_4)\pi$

$$= 4\pi \frac{R}{\lambda} \cos 18° \sin\varphi \left[\cos(\theta - 144° - 72°i) - \cos(\theta + 72° - 72°i) \right]$$

$$= 8\pi \frac{R}{\lambda} \cos 18° \sin\varphi \sin(\theta - 72°i - 36°) \sin 108°$$

$a_{i+3,j+5} + a_{i,j+2} = \arg(r_{i+3,j+5}) + \arg(r_{i,j+2}) + 2(k_3 + k_4)\pi$

$$= 4\pi \frac{R}{\lambda} \cos 18° \sin\varphi \left[\cos(\theta - 144° - 72°i) + \cos(\theta + 72° - 72°i) \right]$$

$$= 8\pi \frac{R}{\lambda} \cos 18° \sin\varphi \sin(\theta - 72°i - 36°) \cos 108°$$

因此得到 $\theta = a\tan 2 \left[(a_{i+3,j+5} - a_{i,j+2}) \csc 108°, (a_{i+3,j+5} + a_{i,j+2}) \sec 108° \right] + 72°i + 36°$ (4.45)

$$\varphi = \arcsin\left\{\frac{\lambda \sec 18^\circ}{8\pi R}\sqrt{\left[\csc 108^\circ(a_{i+3,j+5}-a_{i,j+2})\right]^2+\left[\csc 108^\circ(a_{i+3,j+5}+a_{i,j+2})\right]^2}\right\} \quad (4.46)$$

式中，$i=1\sim5$，令 $r_{46}=r_{41}$，$r_{57}=r_{52}$，$r_{68}=r_{13}$，$r_{79}=r_{24}$，$r_{9,10}=r_{35}$；k_3、k_4 为整数，且满足

$$-\frac{4R}{\lambda}\sin\varphi\cos 18^\circ\sin 108^\circ-\frac{\arg(r_{i+3,j+5})-\arg(r_{i,j+2})}{2\pi}\leqslant k_3-k_4\leqslant\frac{4R}{\lambda}\sin\varphi\cos 18^\circ\sin 108^\circ-$$

$$\frac{\arg(r_{i+3,j+5})-\arg(r_{i,j+2})}{2\pi} \quad (4.47)$$

$$\frac{4R}{\lambda}\sin\varphi\cos 18^\circ\cos 108^\circ-\frac{\arg(r_{i+3,j+5})+\arg(r_{i,j+2})}{2\pi}\leqslant k_3+k_4\leqslant-\frac{4R}{\lambda}\sin\varphi\cos 18^\circ\cos 108^\circ-$$

$$\frac{\arg(r_{i+3,j+5})+\arg(r_{i,j+2})}{2\pi} \quad (4.48)$$

只有当 $\left|4\pi R\cos 18^\circ\cos 108^\circ\dfrac{\sin\varphi}{\lambda}\right|\leqslant\pi$，即 $r_{i,j+2}$ 的幅角在 $[-\pi,\pi]$ 时，k_3、k_4 才取唯一值 0。

3. 高频段测向误差分析

五元圆形天线阵边线的法线示意如图 4.46 所示。

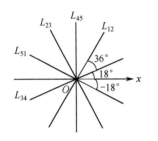

图 4.46　五元圆形天线阵边线的法线示意

由前面的结论可知，信号方位角与测向基线法线的夹角越小，测向精度越高。因此，应选取与法线相邻的两条基线进行测量。由图 4.46 可列出基线的组合方式，以及使每组基线测向精度最高的方位角范围，如表 4.8 所示。

表 4.8　高频基线组合及使每组基线测向精度最高的方位角范围

基线组合	(L_{34}, L_{51})	(L_{12}, L_{34})	(L_{45}, L_{12})	(L_{23}, L_{45})	(L_{51}, L_{23})
方位角范围	$[-18^\circ, 18^\circ]$ 或 $[162^\circ, 198^\circ]$	$[18^\circ, 54^\circ]$ 或 $[-162^\circ, -126^\circ]$	$[54^\circ, 90^\circ]$ 或 $[-126^\circ, -90^\circ]$	$[90^\circ, 126^\circ]$ 或 $[-90^\circ, -54^\circ]$	$[126^\circ, 162^\circ]$ 或 $[-54^\circ, -18^\circ]$

当有信号入射时，每组基线均可得到一组测量值。

(L_{34}, L_{51})：$(\theta_{11}, \varphi_{11})$、$(\theta_{12}, \varphi_{12})\cdots$

(L_{12}, L_{34})：$(\theta_{21}, \varphi_{21})$、$(\theta_{22}, \varphi_{22})\cdots$

(L_{45}, L_{12})：$(\theta_{31}, \varphi_{31})$、$(\theta_{32}, \varphi_{32})\cdots$

(L_{23}, L_{45})：$(\theta_{41}, \varphi_{41})$、$(\theta_{42}, \varphi_{42})\cdots$

(L_{51}, L_{23})：$(\theta_{51}, \varphi_{51})$、$(\theta_{52}, \varphi_{52})\cdots$

在以上 5 组测量值中，只有真实方向才会每次都出现。取 5 组测量值中数值最相近的一对角度，即可得到真实方向，从而消除测向模糊现象。

4. 低频段测向误差分析

五元圆形天线阵对角线的法线示意如图 4.47 所示。

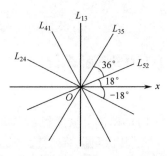

图 4.47 五元圆形天线阵对角线的法线示意

由前面的结论可知，信号方位角与测向基线法线的夹角越小，测向精度越高。因此，应选取法线相邻的两条基线进行测量。由图 4.47 可列出基线的组合方式，以及使每组基线测向精度最高的方位角范围，如表 4.9 所示。

表 4.9 低频基线组合及使每组基线测向精度最高的方位角范围

基线组合	(L_{52}, L_{24})	(L_{35}, L_{52})	(L_{13}, L_{35})	(L_{41}, L_{13})	(L_{24}, L_{41})
方位角范围	$[-18°, 18°]$ 或 $[162°, 198°]$	$[18°, 54°]$ 或 $[-162°, -126°]$	$[54°, 90°]$ 或 $[-126°, -90°]$	$[90°, 126°]$ 或 $[-90°, -54°]$	$[126°, 162°]$ 或 $[-54°, -18°]$

当有信号入射时，每组基线均可得到一组测量值。

(L_{52}, L_{24})：$(\theta_{11}, \varphi_{11})$、$(\theta_{12}, \varphi_{12})$…
(L_{35}, L_{52})：$(\theta_{21}, \varphi_{21})$、$(\theta_{22}, \varphi_{22})$…
(L_{13}, L_{35})：$(\theta_{31}, \varphi_{31})$、$(\theta_{32}, \varphi_{32})$…
(L_{41}, L_{13})：$(\theta_{41}, \varphi_{41})$、$(\theta_{42}, \varphi_{42})$…
(L_{24}, L_{41})：$(\theta_{51}, \varphi_{51})$、$(\theta_{52}, \varphi_{52})$…

在以上 5 组测量值中，只有真实方向才会每次都出现。取 5 组测量值中数值最相近的一对角度，即可得到真实方向，从而消除测向模糊现象。

SAFIR 系统能够自动、连续、实时地进行闪电定位，并具有长达 200km 的基线探测能力。相位干涉技术在有效探测范围内的定位精度高于 500m，探测效率达 95%以上，测量的时间分辨率高于 100μs，并具有 100dB 的广域动态测量范围。SAFIR 系统可以提供闪电的空间二维和三维分布、频数分布、密度图（见图 4.48）和闪电过程的趋势图等产品。

图 4.48 闪电密度图

4.7 第二代 Vaisala 闪电探测系统

第二代 Vaisala 闪电探测系统 LDAR II 可以探测云闪和云地闪的击穿过程所产生的电磁脉冲，包括初始击穿及继后回击，其探测频率为甚高频（50～120MHz）内 5MHz 的范围。休斯顿 LDAR II 探测中心的探测频率为 69～71MHz。VHF 频段辐射脉冲可用于重构云地闪或云闪放电的二维或三维路径，7 个 VHF 频段闪电探测器可以确定 VHF 频段辐射源或辐射脉冲的三维位置及发生时间，可以探测到探测中心半径 100km 之内 90%以上的闪电。当闪电临近地面或发生位置在距离探测中心 100km 之外时，探测效率明显下降；闪电发生位置在距离探测中心 200km 处时，探测效率小于 50%。美国肯尼迪航天中心安装的闪电探测系统 LDAR 采用三维 TOA 定位技术，如图 4.49 所示。

图 4.49 美国肯尼迪航天中心安装的闪电探测系统

第 5 章

大气电场的测量

• • • • • • • •

大气电场是大气电学的一个重要参数。晴天地面大气平均电场强度一般为几十伏/米到 300V/m；在未下雨前的云层下，地面大气电场强度达 0.3～1kV/m。稳定降水的云层可使地面大气电场强度达 0.5～3kV/m。大雨、雷暴、阵雨、暴风雪及活动锋面通过等可使地面大气电场强度达到 2～10kV/m（或正或负）。地面大气电场强度在雷暴到来和闪电发生时会发生变化，大气电场仪可以对一定范围内云层带电和活动状况进行监测。

5.1 静电电场测量

雷暴活动往往会引起地面大气电场强度的变化。大气电场仪可以测量大气平均电场强度及极性的连续变化，能够监测近距离的静电场强度的慢变化，甚至比较弱的慢变化，因而其对雷暴过顶时的大气电场强度很敏感，可以用于局地的雷暴预警。闪电定位系统可以测量闪电回击的电磁脉冲波形，以及较远距离的雷电活动。大气电场仪和闪电定位系统可以结合使用，组成整个区域内雷电活动的监测网。大气电场仪也可以联网使用，以监测局域地区的空中电荷分布。

地面大气电场强度的测量目前常用大气电场仪。大气电场仪的测量原理是，利用天线积累的电荷来反映电场强度。通过测量电路，大气电场仪输出交流信号，信号的强度正比于大气电场强度，可以将这些信号处理、显示和输出。另外，为了确定电场极性，需要额外增加电路。

根据测量要求，测量电场强度的感应器有平板形、球形和鞭状等。在地面测量大气电场强度的垂直分量时，感应器采用平板形；如果同时测量大气电场强度的 3 个分量，则感应器采用球形天线。

地面大气静电场强度可以利用测量天线与大地之间的电压确定。感应大气电场强度的天线可以是平板形、球形或垂直的金属导线。

如图 5.1（a）所示，有一平板形天线，天线方向垂直于电场强度方向，平行于地面，即沿着一个等位面。假定电场分布均匀，天线与地面距离为 h。在天线没有负载的情况下，天线附近的电场强度为 E，而大地与天线之间的电位差为 $V_g = Eh$，天线与云电荷中心之间的杂散电容为 C_c，天线与大地之间的杂散电容为 C_g，且 $C_g \gg C_c$，云电荷中心与大地之间的电位差为 V，其被 C_c、C_g 分压，则 C_g 上的电位差为

$$V_g = V \frac{C_c}{C_g + C_c} \tag{5.1}$$

由于 $V_g = Eh$，因此有

$$V = Eh \frac{C_c + C_g}{C_c} \tag{5.2}$$

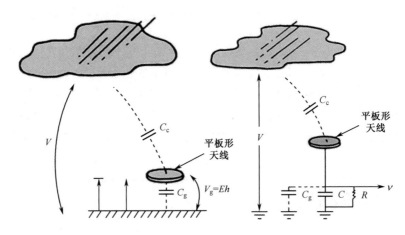

（a）未连接到电子线路上的平板形天线　　　（b）与电子线路相连接的平板形天线

图 5.1　大气平均电场强度的测量示意

如图 5.1（b）所示，测量电路连接平板形天线，测得电位为 v，它小于 V_g，这时 RC 电路为天线的负载，假如 $R \gg C$，则在确定 v 时，只需要考虑 C 的作用。C 和 C_g 构成并联电路，电压为

$$v = V \frac{C_c}{C_g + C_c + C} \tag{5.3}$$

将式（5.2）代入式（5.3），消去 V 就得到

$$v = Eh \frac{C_c + C_g}{C_g + C_c + C} \tag{5.4}$$

由于 $C_g \gg C_c$，所以式（5.4）近似为

$$v = Eh \frac{C_g}{C_g + C} \tag{5.5}$$

由式（5.5）可见，测得的电压正比于地面电场 E；而其比例系数 $\dfrac{hC_g}{C_g + C}$ 可以通过计算或测量确定。实际上，$C > C_g$，故 C 用来控制测量电压的大小；R 的作用是使电压 ν 有一个时间常数 $R(C + C_g)$，或当 $C \gg C_g$ 时，时间常数为 RC。如果 RC 大于所要测量的时间，则 R 对测量的影响可以忽略。

根据与天线相连接的测量电路的 RC 取值，将对大气电场强度的测量分为两种情况。

（1）静电场计，也就是慢天线：如果取时间常数 $RC = 4\mathrm{s}$，频率响应从直流到 20kHz 以上，则有 5 个不同的 C 值使电压增益变化范围为 80dB，而 R 值从 $10^7\Omega$ 变到 $10^{11}\Omega$，时间分辨率为几分之一毫秒。

（2）静电场变化计，也就是快天线：如果取时间常数 $RC = 70\mu\mathrm{s}$，则频率上限将超过 1MHz，可以得到时间分辨率为 10μs。

在两种静电场测量天线系统中，由平板形天线的积分电路提供的积分电压正比于平板上的荷电量，并与环境电场成比例。两种静电场测量天线系统的上限频率为 1MHz，不限频率为 0.1Hz。

5.1.1　大气电场仪的传感器原理

在静电场中放置一个导体，导体表面就会产生感应电荷，其感应电荷密度为

$$\delta = \varepsilon_0 KE \tag{5.6}$$

式中，ε_0 为空气中的介电常数（近似真空中的介电常数），K 是导体放入电场中所引起的电场畸变系数，E 为电场强度。如果导体的面积为 S，则感应的电荷量为

$$Q = \delta S = \varepsilon_0 KES \tag{5.7}$$

设感应导体对地的电容为 C，则由此造成的感生电动势为

$$V = \frac{Q}{C} = \frac{\varepsilon_0 KES}{C} \tag{5.8}$$

根据式（5.6）～式（5.8），如果测量出 V 就可以得到大气电场强度 E，电场传感器就是按照此原理研制的。为了连续测量大气电场强度变化及电场的正负极性，该电场传感器采用了机械动态旋转的测量方法（场磨），其主要由动静片、同步叶片、机械传动系统、前置放大器等组成。

5.1.2　大气电场仪的电路原理

大气电场仪包括电场信号模拟放大、信号鉴别、模拟信号输出、电场信号数字化处理及电场数据采集、显示、传送等功能电路组（见图 5.2）。在图 5.2 中电子积分是通过积分器实现的，C_g 是天线与地面之间的电容，R_0 是电缆终端的电阻，相对电阻 R 相对于放电积分电容 C，这样时间常数为 RC，输出电压趋向于 0。

大气电场仪主要由模拟电子线路模块、单板机及电源模块等组成。模拟电子线路模块的主要功能是，把传感器送来的微弱信号和同步信号进一步放大。放大后的两路信号同时输入电场信号鉴别电路，鉴别出变化的、有正负极性的电场信号，通过滤波器消除无用的杂波后，得到与电场强度相对应的直流信号。该信号经驱动电路放大，分三路向 A/D 转换器、数字显示器和外部模拟记录设备输出。单板机是一块功能强大的微控制器板卡，它自带 8 位的中央处理器（CPU）、12 位 A/D 转换器、标准的 RS-232 接口及 I/O 接口，并装有 256KB 的内存和 128KB 的闪存，CPU 的时钟为 20MHz。单板机的主要功能是按照预编的程序，进行电场模拟信号的 A/D 转换和数据处理，并通过 RS-232 接口接收外部数据，或者接收其他计算机设备的指令，根据指令可自动采集数据或实现遥控遥测，同时向外部发送电场强度数据（见图 5.3）。

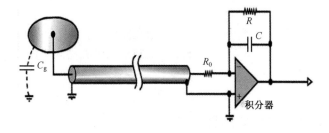

图 5.2　大气电场仪电路示意

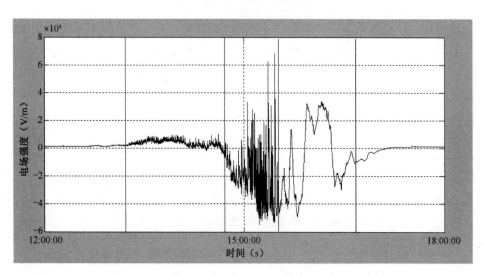

图 5.3　大气电场仪测得的地面大气电场强度的变化显示

5.2　场磨式大气电场仪

为观测晴天和雷暴天气条件下的地面大气电场强度，以及闪电所引起的地面大气电场强度的变化，可以用电子学方法对大气电场强度进行监测，但是该方法仅在秒量级的时间内是可行的。要长时间测量大气电场强度，应采用旋转场磨式大气电场仪。其原理是根据导体在电场中产生的感应电荷，来测量大气电场强度。

场磨式大气电场仪（见图 5.4）最早出现于 20 世纪 70 年代，其具有精度高、效果好的特点。下面首先对场磨式大气电场仪的工作原理进行简单说明。

由于大气静电场是一个直流分量，因此在感应片之间感应到的是直流电流，并且这一直流分量很小，仅为 10μA 量级，需要经多级信号放大才能测量到。这种量级的直流信号在放大的时候存在很大的失真，其只有转化为交流信号才能被放大。经过整流处理之后，将放大的电流通过数据采集电路进行 A/D 转换，得到对应的电压。

场磨式大气电场仪通过对感应片上的直流电流信号进行"机械逆变"（让接地的叶片旋转交替切断电场线）处理，将微弱的直流电流信号转换成交流信号，并经过电流—电压转换、放大、滤波、信号同步、整流等环节，最终输出符合 A/D 转换器输入要求的电压信号。

图 5.4　场磨式大气电场仪

如图 5.5 所示，当垂直方向的电场线能够"照射"到感应片的时候，感应片上会有感应电荷；当电场线被动片阻挡以后，感应片上的电荷为零。如果让动片不停转动，感应片就会持续输出一个交流信号，而这个交流信号的振幅和电场强度成线性关系。

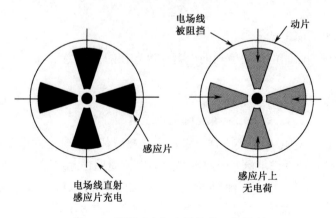

图 5.5　场磨式大气电场仪的工作原理

场磨式大气电场仪主要由 4 部分组成，即大气电场感应器、信号处理电路、显示系统（记录器、打印机等）和雷暴警报器（见图 5.6）。

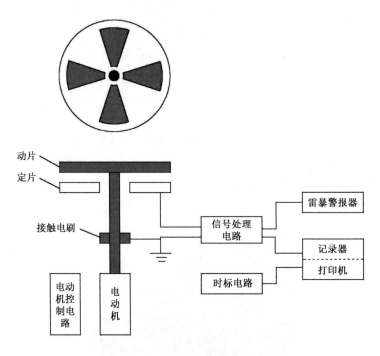

图 5.6　场磨式大气电场仪结构

场磨式大气电场仪的大气电场感应器由上下两片相互平行的、有一定间距的、形状相似的 4 片叶片连接在一起的对称扇形金属片组成。下面的金属片用来感应电荷，固定不动，称为定片。上面的金属片由电动机驱动旋转，称为动片。动片与地相连接，既起到屏蔽定片的作用，又可以使叶片暴露在大气电场中。

当动片旋转时，定片便交替暴露在大气电场中，由此产生交流信号，交流信号的大小与大气电场强度成正比。

假设定片的面积为 ΔS，当其暴露在大气中时，在它上面出现的感应电荷 ΔQ 为

$$\Delta Q = \sigma \Delta S \tag{5.9}$$

式中，σ 是定片上的面电荷密度。

由于金属导体表面的电场强度与面电荷密度存在的关系为

$$E = \sigma / \varepsilon_0 \tag{5.10}$$

由此可得到感应电荷与电场强度的关系为

$$\Delta Q = \Delta S \varepsilon_0 E \tag{5.11}$$

如果定片与接地电阻 R 相接，则当定片完全被屏蔽时，其上的电荷经电阻 R 流向大地。由于定片被动片周期性屏蔽，因此定片上的电荷周期性地通过电阻 R 流向大地，这样会在 R 上产生交流信号。这一交流电流信号极其微弱，它通过信号处理电路处理。

信号处理电路将交流信号进行放大等处理，使之成为显示系统所要求的信号。显示系

统可以用显示器、打印机或记录器等显示大气电场信号。

雷暴警报器根据测量的电场强度的大小和变化，预测雷暴出现的可能性，并发布近距离雷暴警报。

5.3　大气电场探空仪

大气电场探空仪是用于研究积雨云或其他云中大气电场分布及云中电荷分布的电场仪。它由双球式大气电场感应器、发射机及地面接收系统 3 部分组成。双球式大气电场感应器由两个相隔一定距离、绕水平轴旋转的金属球体组成。当大气电场探空仪处于强大气电场中时，两个金属球体分别感应大小相等、极性相反的交变电荷，其振幅与平行于两个金属球体旋转所形成平面的大气电场分量成正比。双球式大气电场感应器将其作为输出信号，经发射机传送到地面接收系统。

地面接收系统由天线、接收机、数据处理系统和显示系统组成。天线接收到的大气电场，以及温度、湿度信号，通过接收机和数据处理系统，最终通过显示系统输出探测结果。

大气电场探空仪的主要性能特性如表 5.1 所示。

表 5.1　大气电场探空仪的主要性能特性

项目	测量范围	测量精度	灵敏度
大气电场	±1～±200kV/m	±15%	±0.5kV/m
大气温度	−60～50℃	±0.5℃	
大气湿度	10%～100%	±5%	

大气电场探空仪的橡胶球荷载部分如图 5.7 所示。橡胶球与电场计用尼龙丝连接，大气电场探空仪与降落伞固定在尼龙丝上，电场计位于整个部分的底部。1.2kg 的橡胶球内充有约 8mg 的氦，可提供约 90N 的浮力，足以使橡胶球与仪器自由上升。在橡胶球放出仪器离地后，将电场计上方的卷线放下，无缠绕涂层处理过的尼龙单金属刚性丝长 15m，用于降低对水的吸收率和减小尼龙单金属刚性丝的电导率。其中，无缠绕部分长约 10m，可以使橡胶球下方 20m 处的电场计离橡胶球足够远，从而可以略去可能在橡胶球上建立的电荷对电场 E 的影响。紧靠电场计上方为一个转环，其可使电场计在尼龙单金属刚性丝的缠绕下绕垂直轴转动，该转环也与蜡染尼龙丝相连接，用于悬挂及使电场计相对尼龙单金属刚性丝保持平衡。

橡胶球荷载的电场计如图 5.8 所示，其主要部件是直径为 15cm 的铝制球。两个铝制球以相对的方式安装在玻璃纤维管上：一个是感应器，其含有电子设备；另一个则包含一个锂电池组，为电路提供+12V 和-9V 的电压。在玻璃纤维管的一端装有一个电动机，使玻璃纤维管和铝制球以约 2.5Hz 的频率水平旋转，在两个铝制球之间的玻璃纤维管内侧为一个汞开关，其控制旋转速率和铝制球的相对位置。由于铝制球是电接触和旋转的，因此

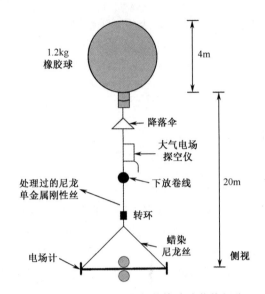

图 5.7　大气电场探空仪的橡胶球荷载部分

大气电场在铝制球上感应出的电荷会出现由正到负的振荡，感应的电量与所测大气电场强度成正比。通过线性放大器将感应电荷转换为电压，并进行数字化之后以 20Hz 采样频率向地面接收系统（见图 5.9）发送。

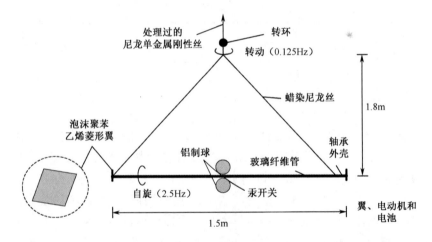

图 5.8　橡胶球荷载的电场计

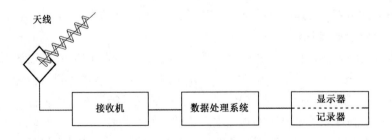

图 5.9　大气电场探空仪的地面接收系统

5.4　闪电过程中大气电场在时域的变化特征

闪电发生时雷云中的电荷量瞬时发生变化，使云地之间的电场发生变化，并使地面的大气电场形成脉冲变化。本节将大气电场强度的变化情况和电场变化率的变化情况结合起来对雷电活动进行监测，并分析了闪电发生前后电场在时域和频域的变化情况。此外，本节对成都地区发生的几种典型的云地闪进行分析研究。

首先，可以根据闪电发生前大气电场的变化特征将闪电过程分为平稳型、上升型、下降型、先上升后下降型、先下降后上升型 5 种类型。下面对这 5 种类型的闪电在时域的变化特征进行简单描述。

5.4.1　平稳型闪电过程

平稳型闪电过程中的数据选自 2008 年 7 月 10 日和 2009 年 12 月 8 日，如图 5.10 所示，闪电发生前半小时左右，大气电场强度基本上在 600～1000V/m 波动，是较弱的正电场，并且整体波动较小。

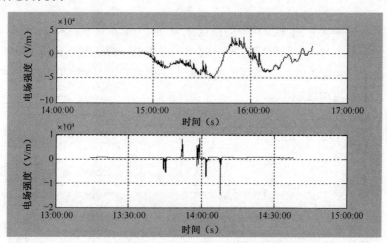

图 5.10　平稳型闪电过程中电场强度随时间的变化情况

临近闪电发生时，电场强度向正方向变化；闪电发生期间，电场强度变化很快且变化范围较大；闪电结束后，电场强度逐渐恢复到闪电发生前的大小，如果电场强度呈现增大趋势，那么之后可能又会有新的闪电发生。

5.4.2　上升型闪电过程

上升型闪电过程（见图 5.11）中的数据来自 2008 年 6 月 10 日和 2009 年 9 月 23 日，

闪电发生前半小时左右，地面大气电场强度从 0 附近逐渐增大至较高的值；临近闪电发生时，电场强度向负方向变化；闪电发生过程中，电场的极性有正有负，电场强度变化范围较大；闪电结束后，电场强度急速降低，之后恢复到闪电发生前的电场强度。

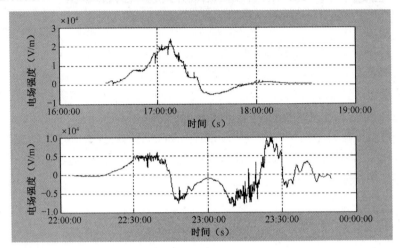

图 5.11　上升型闪电过程中电场强度随时间的变化情况

5.4.3　下降型闪电过程

下降型闪电过程（见图 5.12）中的数据来自 2010 年 4 月 5 日和 2008 年 7 月 31 日，首次闪电发生前半小时，电场强度开始由较小的值逐渐下降；临近闪电发生时，电场强度向正方向变化；闪电发生时，电场强度变化较大，曲线波动性较大；闪电结束后，电场强度有所降低，并且波动性减小。

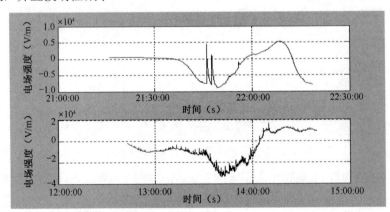

图 5.12　下降型闪电过程中电场强度随时间的变化情况

5.4.4　先上升后下降型闪电过程

先上升后下降型闪电过程中的数据来自 2008 年 7 月 10—11 日，由图 5.13 可知，首次闪电发生前，电场强度先从 0 附近逐渐增大至 7000V/m 左右，随后又逐渐减小至 −3000V/m；首次闪电发生时，电场强度向正方向突变。

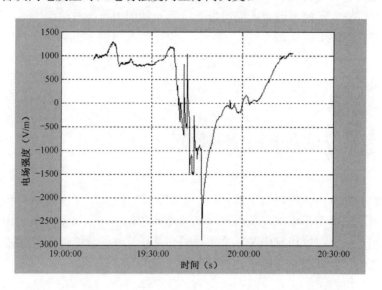

图 5.13　先上升后下降型闪电过程中电场强度随时间的变化情况

5.4.5　先下降后上升型闪电过程

先下降后上升型闪电过程（见图 5.14）中的数据来自 2010 年 5 月 17 日，首次闪电前半小时，电场强度由开始较小的值逐渐减小，然后逐渐增大；临近闪电发生时，电场强度向正方向变化；闪电发生时，电场强度变化范围大、波动频率大；闪电结束后，电场强度减小、波动性减小，逐渐恢复到闪电发生前的电场强度。

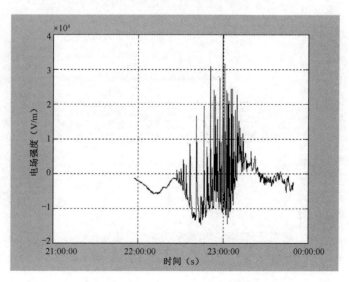

图 5.14　先下降后上升型闪电过程中电场强度随时间的变化情况

但是，这几种类型的闪电过程不能涵盖成都地区发生的所有类型的闪电，其仅是这段时间探测到的闪电类型的代表。另外，每种类型的闪电数量都比较少，这使得统一分析研究闪电特征存在一定不便，因此人们可以尝试另一种闪电分类方法。

可以依据临近闪电发生前大气电场强度的突变方向将闪电分为两类：临近闪电发生时电场强度向正方向变化的闪电，临近闪电发生时电场强度向负方向变化的闪电。以下主要对这两种类型的闪电进行频域研究。

5.5 时序差分法处理电场数据

云地闪的强弱主要体现在电场脉冲的振幅变化上，但又不仅由振幅的峰值决定，也可以利用大气电场强度变化率来反映大气电场强度的变化特征，进而分析闪电情况。其中，大气电场强度变化率可以用时序差分法来计算。通过对电场数据进行时序差分法处理，可以设定差分阈值，并采用差分阈值法进行预警。

大气电场强度对时间进行一阶差分，有

$$\frac{\mathrm{d}E(x,y,z)}{\mathrm{d}t}=\left[E_{t2}(x,y,z)-E_{t1}(x,y,x)\right]/\Delta t \tag{5.12}$$

$$\Delta E(x,y,z)=E_t(x,y,z)-E_{t-1}(x,y,z) \tag{5.13}$$

当取 $\Delta t=1\mathrm{s}$ 时，大气电场强度的变化可以用大气电场强度变化率表示。

以平稳型闪电过程中的大气电场强度变化率的变化情况为例，可以根据平稳型闪电过程中的大气电场强度变化率的变化特征来设定相应的差分阈值，以使平稳型闪电过程中的时域预警更加准确（见图 5.15）。

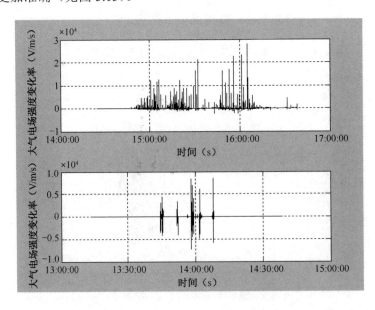

图 5.15 平稳型闪电过程中大气电场强度变化率的变化情况

5.6　闪电过程中大气电场在频域的变化特征

对于发生闪电前大气电场强度变化不是很明显的雷暴,仅对大气电场强度和大气电场强度变化率在时域的变化进行分析研究是不够的,因此本节将电场数据变换到频域进行特征分析。快速傅里叶变换是离散傅里叶变换的快速算法,它可以将信号变换到频域。快速傅里叶变换已在雷达、地震勘探、医疗通信、气象、射电天文等领域得到了广泛应用。本节用到的非雷暴数据取自成都地区 2009 年非雷暴天气情况下的 20 组非雷暴数据。图 5.16、图 5.17 中的闪电数据是从 2009 年发生的闪电中选取的 12 组闪电数据,闪电发生前的电场数据被用来进行频谱分析。以下分析选取的研究时段均为 30 分钟。为了使曲线更圆滑、更清晰,图中的曲线均进行了非线性拟合处理。

5.6.1　平均振幅谱分析

由图 5.16 可以看出,非雷暴的平均振幅谱要比闪电发生前 30 分钟、20 分钟和 10 分钟的平均振幅谱低,而且非雷暴的平均振幅谱曲线波动较闪电发生前其他时刻的平均振幅谱曲线波动小。非线性拟合处理后的平均振幅谱曲线,忽略了曲线的波动,使得非雷暴及闪电发生前的大气电场强度的平均振幅谱的变化趋势更加明显。从该曲线不仅可以清晰地看出非雷暴大气电场强度的平均振幅谱的幅度低于闪电发生前 30 分钟振幅谱的幅度,而且可以清晰地看出,随着闪电的临近,平均振幅谱的幅度逐渐增大。

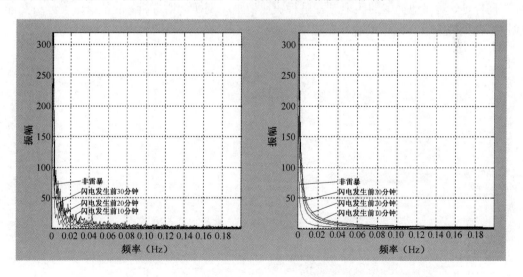

图 5.16　非雷暴及闪电前的大气电场强度的平均振幅谱及其非线性拟合处理曲线

5.6.2　能量谱密度分析

由图 5.17 可以看出，非雷暴时能量谱密度曲线较平滑，波动较小；闪电发生前 30 分钟、20 分钟、10 分钟的能量谱密度曲线的波动较大，并且随着闪电逐渐临近，波动逐渐变大。从非线性拟合处理之后的曲线可以看出，能量谱密度随着闪电临近呈现增大趋势，即随着闪电的临近，电场能量逐渐增大。另外，非雷暴的电场能量远低于闪电发生前的电场能量。

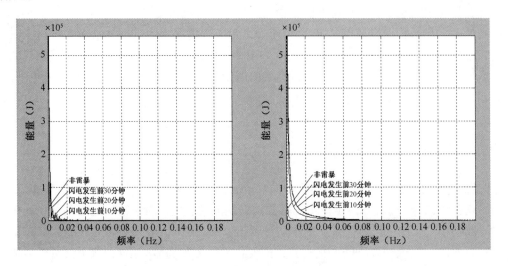

图 5.17　非雷暴及闪电发生前大气电场强度的平均能量谱及其非线性拟合处理曲线

同样地，对其他类型的闪电过程进行快速傅里叶变换频谱分析、能量谱密度分析和非线性拟合处理分析，结果发现存在相似的规律。

第 6 章

多普勒天气雷达探测雷暴

· · · · · · · ·

多普勒天气雷达是利用多普勒效应工作的一种脉冲气象雷达。除探测到云粒子的回波强度外，利用多普勒频移可以探测到运动的云粒子的速度。多普勒天气雷达资料是一种准实时的探测资料，具有较高的时空分辨率。多普勒天气雷达可以增强对热带气旋、风雹、风切变、下击暴流等气象灾害的发生、发展与消亡的探测；增强对台风的监测，反映气旋的结构特征信息；增强对大气垂直运动的监测，提供中小尺度天气的观测资料。

多普勒天气雷达对雷暴的探测，可用于雷电的临近预警。雷暴属于强对流天气系统，产生于强烈的积雨云中。雷击和闪电是雷暴过程的主要特征，还可能伴有强烈的阵雨或暴雨，甚至可能伴有冰雹和龙卷。利用多普勒天气雷达进行雷电预警时，美国国家大气研究中心（NCAR）的雷暴的识别、追踪、分析（TITAN）算法、风暴体识别和追踪算法（SCIT）最为常用。

6.1 多普勒天气雷达介绍

我国的天气雷达布点或升级使用了新一代多普勒天气雷达（CINRAD）。我国新一代天气雷达业务组网始于 20 世纪末。我国东部和中部地区装备了先进的新一代 S 频段和 C 频段多普勒天气雷达系统，组成探测空间相互衔接覆盖的监测网，实时监测提供降水强度、平均径向速度和频谱宽度等信息；对降水，特别是暴雨、热带气旋、强对流等灾害性天气和重要天气系统进行有效的监测和警报。我国西部地区由于人口、经济等因素，布设多普勒天气雷达相对较少。

我国新一代天气雷达网的雷达主要由 S 波段、C 波段多普勒天气雷达组成，其中，S 波段多普勒天气雷达占主要地位。S 波段多普勒天气雷达包括 3 种型号：CINRAD/SA、CINRAD/SB、CINRAD/SC。我国部分地区采用 X 波段小型多普勒天气雷达对局部区域进行观测补充及应急监测。

多普勒天气雷达系统由 5 个主要部分构成：雷达数据采集子系统（RDA）、宽/窄带通信子系统（WNC）、雷达产品生成子系统（RPG）、主用户处理器（PUP）和附属安装设备。

图 6.1 是典型的多普勒天气雷达系统结构组成，其技术参数如表 6.1 所示。

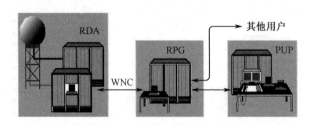

图 6.1　多普勒天气雷达系统的结构组成

表 6.1　CINRAD/SA 型多普勒天气雷达技术参数

威力覆盖范围		460km	发射机	
强度			类型	全相干放大链
$S/N \geqslant 10\text{dB}$	定量探测范围	230km	频率	2700～3000MHz
	准确性	1dB	峰值功率	750kW，最小
	精度	1dB	脉冲宽度	1.57μs、4.71μs
平均径向速度			PRF	318～1304Hz
当谱宽为 4m/s，且 $S/N > 8\text{dB}$ 时	不模糊速度	≤50m/s	接收机	
	准确性	1.0m/s	IF 频率	57.5491MHz
	精度	0.5m/s	NF	<3.0dB
谱宽			短时（1s）频率稳定度	≤10⁻⁹
当谱宽为 4m/s，且 $S/N > 10\text{dB}$ 时	准确性	1.0m/s	天线	
	精度	0.5m/s	增益	>45dB
最小探测范围（当 $S/N = 0\text{dB}$，且目标位于 50km 时）		−7.5dBZ	波束宽度	≤0.99°
杂波滤波器		优于 50dB	第一旁瓣电平	≤−27dB

　　雷达数据采集子系统由天线、馈线系统、发射机、接收机、信号处理机和雷达监控主机组成，完成微波的产生、功率放大、发射、空域扫描、回波接收、回波放大、正交解调、模数变换、数据采集、杂波滤除、信息提取、平滑滤波等功能，数据最终到达监控主机。雷达工作前的系统标定，雷达工作过程中的参数检测，以及工作方式、工作状态的设定等，也在雷达数据采集子系统中完成。其可理解为感知。

　　雷达产品生成子系统：完成多普勒天气雷达系统的软件算法实现，主要由计算机及通信系统来完成。多普勒天气雷达系统通过宽带网络将雷达数据采集子系统得到的原始数据收集过来，并在雷达产品生成子系统中进行二次处理，将原始数据加工成可供气象部门使用的各种气象应用产品。其可以理解为思考与成像。

　　主用户处理器：多普勒天气雷达系统通过各种通信手段，将生成的各种气象应用产品传送分发至有不同需求的用户端，并直观地显示出来。用户也可以主动与系统交互，并参与资料的索取与分析。主用户处理器的任务同样由计算机系统、通信系统完成。其可以理解为推广与应用。

多普勒天气雷达通过 3 个基础数据，可以生成 70 多个二次产品，但其中只有少部分产品得到应用（见图 6.2、图 6.3）。

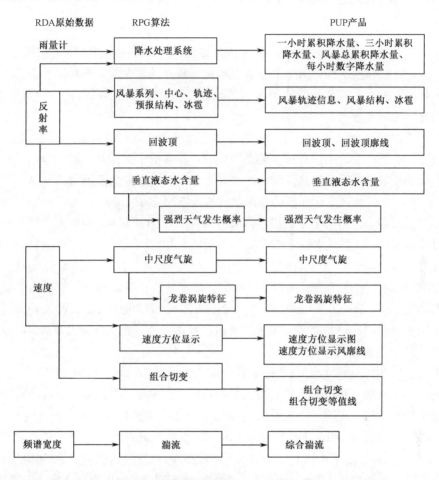

图 6.2　多普勒天气雷达系统的输出产品

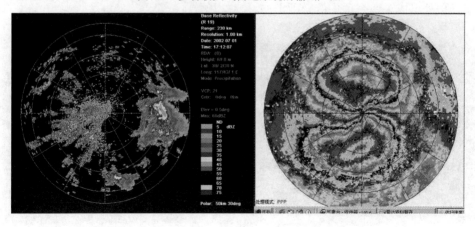

图 6.3　多普勒天气雷达观测的降水强度与风场回波

6.2 雷暴的雷达回波特征

分析大量的观测资料可以发现，强雷暴的雷达回波结构往往具有下列特征。

（1）雷达回波强度很强：由于雷暴云含水量丰富，且其内部上升气流较强，因此其中积累了大量的过冷却水滴和冰晶粒子，反射率较大。强雷暴的雷达回波强度相对于同地区、同季节的普通积雨云较强。

（2）雷达回波顶高较高：这里所说的雷达回波顶高通常指雷暴云上部 30dBZ 回波强度所在高度。由于雷暴云中具有较强的上升气流，能够携带大量水汽向上运动，并在到达一定高度后聚集凝结，因此雷暴云的回波顶向上延展很高。雷暴云的回波顶高一般位于地面 10km 以上，个别抬升运动强烈的强雷暴回波顶高可达 20km。

（3）强回波中心：雷暴云中大量水汽被强上升气流抬升到 0℃层以上高度，形成冰晶粒子和过冷却水滴；这些降水粒子在雷暴云中反复上升、下降，汇聚成很强的水分累积区，因此可在雷暴云的垂直剖面上看到强回波中心。强回波中心的高度与抬升气流的强度及 0℃层的高度有关。抬升气流越强，强回波中心高度越高、强度越强；而 0℃层越低，强回波中心高度越低。图 6.4 为 2002 年 7 月 2 日发生于哈尔滨的雷暴云回波垂直剖面图。从图 6.4 中可以看出，该雷暴云对流发展旺盛，雷达回波顶高为 10～12km，回波强度较大，最大达到 56.9dBZ。

（4）云顶上冲：雷暴云内部强烈的上升气流使雷暴云顶出现部分隆起，称为云顶上冲。一般来说，出现云顶上冲表明雷暴云处于发展阶段，云中上升气流强；当雷暴云顶表现为庞大的平滑圆顶状时，说明云中上升气流变化不明显，雷暴处于稳定状态。图 6.5 为雷暴云在距离高度显示器（RHI）上的回波图。从图 6.5 中可以看到 3 个处于初生阶段的对流单体和 1 个发展成熟的对流单体（见图 6.5 中最右侧）。发展成熟的对流单体的发展较为旺盛，雷达回波顶高达到 12km，对流中心强度超过 55dBZ。由于雷暴云中上升气流较强，因此在云顶处形成了两个顶尖的云顶上冲。

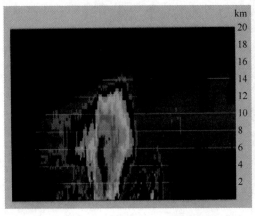 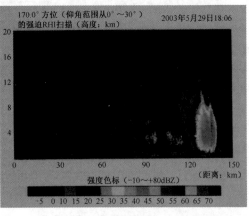

图 6.4　雷暴云回波垂直剖面图　　图 6.5　雷暴云在距离高度显示器（RHI）上的回波图

（5）"V"形缺口：由于雷暴云中的大水滴、大冰雹粒子等对雷达电磁波具有强烈的衰减作用，因此当雷达探测雷暴云时，其径向的电磁波在通过强回波区时，被云中的大粒子衰减掉，形成了雷暴云后部的"V"形缺口。通常，这种雷达回波特征出现在波长较短的雷达中（见图6.6）。

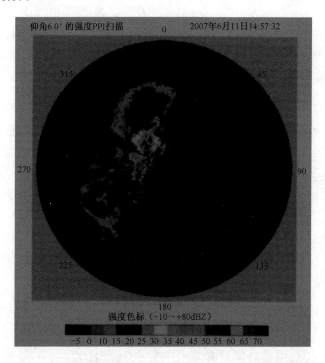

图6.6　一次冰雹天气在平面位置显示器（PPI）上的回波图

（6）雷达速度图特征：多数雷暴云具有完全的风场结构，可维持对流的发展，表现为底层气流辐合、高层气流辐散，在底层 8km 附近还可以看到速度的垂直切变。在雷暴云的强回波中心对应着强上升气流（见图6.7）。

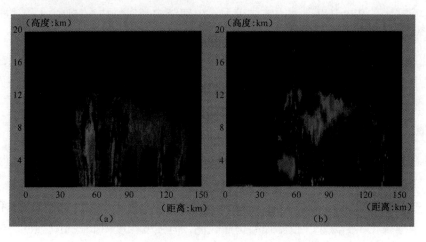

图6.7　多单体雷暴的强度图（a）和速度图（b）

6.3 雷暴生命史的回波演变

一个雷暴云可以由一个对流单体组成，也可以由多个对流单体组成。雷暴发展变化很快，一个雷暴单体的生命周期在十几分钟到几十分钟，发展强烈时可以持续 1~2 小时，甚至可以更长一些。

1. 发展阶段

雷暴在发展阶段的主要特征是上升气流贯穿整个云体。上升速度随高度增加而增大，最大上升气流区在云体上部的中心，在云体下部不断有空气辐合进入云体，为积云的发展提供充足的水汽。云体中的水汽凝结、释放潜热，有利于上升气流进一步发展。气流上升的速度一般为 5~10m/s，甚至更大。因为强上升气流托住了云滴，因此在这个阶段没有降水产生。

处于发展阶段的雷暴在雷达 PPI 上的回波呈现块状、带状，内部结构密实，边缘较清晰，回波尺度和强度不太大，水平尺度为 1km 左右，垂直尺度略大于水平尺度，但处于迅速发展增大之中。RHI 上的回波呈现柱状，并且回波顶强度梯度较大，个别出现云顶上冲现象。

2. 成熟阶段

雷暴在成熟阶段的主要特征是有降水产生。持续时间为 15~30 分钟，云顶向上伸展到对流层顶，甚至更高。成熟阶段的雷暴内上升气流和下沉气流共存；云中物质复杂，存在过冷却水滴、雪花和冰晶等水成物。在云中上升气流和大量过冷却水滴凝结释放潜热的共同作用下，云顶突然向上发展，到达对流层顶附近后在水平方向上铺展开，形成云砧。

此时，雷暴在 PPI 上表现为回波块较大，内部结构密实，边缘清晰，回波强度很大，在回波梯度较大的一侧存在有界弱回波区、钩状回波，以及向前伸展的大片云砧。相应地，在速度图上，雷暴底层辐合、高层辐散，有时伴有逆风区和中气旋。在 RHI 回波图上，雷暴的强中心较高，回波高耸，有回波墙、钩状回波、云砧等，还可能出现虚假回波（多普勒天气雷达上可能出现长钉回波）。

3. 消散阶段

雷暴在消散阶段的主要特征是下沉气流占据云体的主要部分，整个雷暴迅速消亡，持续时间为 10~15 分钟。

此时在 PPI 上能够观测到回波的尺度仍然较大，但云体内部结构已经较为松散，雷暴的尺度和强度都在不断减小；雷暴顶高仍然较高，但强度梯度明显减小，强回波位于雷暴中下部，后期还可能出现"0℃亮带层"。

6.3.1　多单体雷暴的雷达回波特征

雷暴经常组织成复合系统，其中，团状分布的系统被称为多单体雷暴，线状分布的系统被称为线雷暴或飑线。

多单体雷暴的结构表现为由多个能够分出轮廓、处在不同发展阶段的雷暴单体排列在一起，共同组成一个强对流系统。系统中成熟的雷暴单体的雷达回波强度结构特征与其他雷暴单体的结构特征之间具有明显区别；强烈的多单体雷暴和普通多单体雷暴的结构特征也存在明显的差异。

在中等到强垂直风切变环境下，非强多单体雷暴中发展最强盛的单体，其反射率回波特征表现为中层和低层回波分布的轮廓几乎重合，回波顶位于中层和低层回波反射率最高的区域之上。这种高层、中层、低层回波反射率在垂直方向上以回波顶为中心的分布使得在雷暴云体低层无法形成弱回波区（Weak Echo Region，WER）。这些特征表明，雷暴中不存在强烈的上升气流，因此，即使这种对流雷暴回波顶发展到很高，也不易形成灾害性天气。

与多单体非强雷暴相比，一个多单体强雷暴的强烈发展阶段是以更强的上升气流且变得更加垂直为标志的。雷暴顶偏向低层高回波反射率梯度一侧。弱回波区的形成原因是，低层上升气流速度较快，使在该处形成的降水粒子被携带上升，加上雷暴顶的辐散和环境风的影响，形成了低层无回波或回波强度较弱的弱回波区。雷暴顶的位置移到低层高回波反射率梯度区之上，标志着雷暴潜势增大。

6.3.2　超级单体雷暴的雷达回波特征

超级单体雷暴是一种有特殊结构的强雷暴，它虽然是单体雷暴，但比正常的成熟雷暴的水平尺度大很多。超级单体雷暴呈现出各种各样的雷达回波及视觉特征，某些超级单体雷暴几乎不产生降雨，但具有显著的旋转特征，这类超级单体雷暴被称为弱降水（Low Precipitation，LP）超级单体雷暴。还有一种超级单体雷暴，其能够在气旋环流中产生相当多的降水，被称为强降水（High Precipitation，HP）超级单体雷暴。在上述两种极端超级单体雷暴之间，还存在经典超级单体雷暴，即传统超级单体雷暴。

超级单体雷暴的雷达回波图像与普通雷暴相比具有明显区别，它的三维结构及在不同高度的回波特征如下。

（1）在相应高度的 PPI 上，超级单体雷暴的回波是一个单胞结构，呈现圆形或椭圆形，典型的水平尺度为长 20～30km、宽 12～15km，雷达观测到的云砧回波一般位于回波主体下风方向 60～150km 处，有时甚至更远。如图 6.8 所示为某个超级单体雷暴在 PPI 上的回波图。雷达站南方的两块对流云呈现椭圆形，回波强度较大。

（2）在中层，超级单体雷暴前进方向右侧存在一个持久的有界弱回波区。有界弱回波区的存在是有上升气流的标志，其中含有刚凝结成的云滴和小雨滴。如图 6.9 所示为一个典型超级单体雷暴在 3.0°仰角 PPI 上的回波图，在回波中可以清晰地看到弱回波区和云体下风方向宽广的云砧。

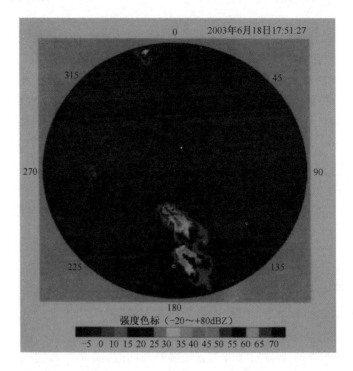

图 6.8　超级单体雷暴在 PPI 上的回波图

图 6.9　典型超级单体雷暴在 3.0°仰角 PPI 上的回波图

（3）最强的雷达回波出现在有界弱回波区左侧，最大回波强度梯度区紧靠在有界弱回波区左侧，包括大冰雹在内的强降水和强风等就发生在该位置。

（4）环境风的垂直切变，使超级单体雷暴不同高度层最大回波强度的平面位于有界弱回波区内，并且紧靠低层最大回波强度梯度区边缘。

6.4　多普勒天气雷达资料的闪电特征

由于雷暴云内的起电与其中的微物理过程息息相关，因此温度、云内粒子大小和相态，以及相应的变化特征等均是雷电预警必须获取的信息。雷达同时具有观测精度高、观测时间间隔短的优势，雷达所反映的雷暴单体强度方面的信息，结合闪电活动方面的信息，对于雷电预警预报是有帮助的。这也是目前最接近实际业务应用的一种雷电预警预报手段。

6.4.1　回波强度特征

Buechler 和 Goodman（1990）研究了 15 个风暴，并得出结论：当 40dBZ 的回波到达-10℃高度且回波顶超过 9km 时闪电即将来临。Michimoto（1991）指出：30dBZ 的回波到达-20℃高度后 5 分钟内就会出现第一次闪击放电；闪电活动的峰值出现在-10℃高度的回波强度减小时，仅使用雷达资料无法区分是阵雨还是雷暴。因此，云地闪的位置资料被用来确定雷达回波是有云地闪的雷暴，还是无云地闪的雷暴。另外，从冻结层首次出现 10dBZ 的回波，到首次观测到云地闪的时间间隔中值为 15 分钟，此时间间隔通常为 5～45 分钟。另外，利用回波强度为 10dBZ 的回波作为刚出现回波的阈值。

增大回波反射率阈值可以减少虚假警报，进而缩短雷暴初生信号和首次出现云地闪之间的提前时间。反之，减小雷暴初生信号的阈值，提前时间的延长将以探测到更多没有发展成闪电的回波为代价。

6.4.2　回波高度特征

雷达监测到顶高 9km 以上、强中心高度 6km 左右的对流回波时就可能会产生雷暴，可能会因地区而异，因为雷暴的强度还会受到其他因素的制约。Dye 等（1989）确定，当 40dBZ 的回波到达大约-10℃高度时，闪电将要发生；并指出，当云顶高超过 9.5km 时，云地闪会发生。Buechler 和 Goodman（1990）得出类似的结论：当回波顶超过 9km，且 40dBZ 的回波达到-10℃高度时，第一个云内闪或云地闪有可能会发生。

雷暴较强的起电主要发生在起电区域的顶部附近，一般位于-30～-15℃温度层之间。研究发现，-10℃是非感性起电机制中冰晶和霰碰撞后携带不同极性电荷的翻转温度，因此-10℃温度层所在高度在雷暴起电研究中一直被作为一个特征高度。

Brandon Vincent 和 Larey 等人也提出，在-10℃温度层所在高度处，40dBZ 回波的出现是预测雷暴单体即将发生地闪的最佳预报因子之一（见图 6.10）。

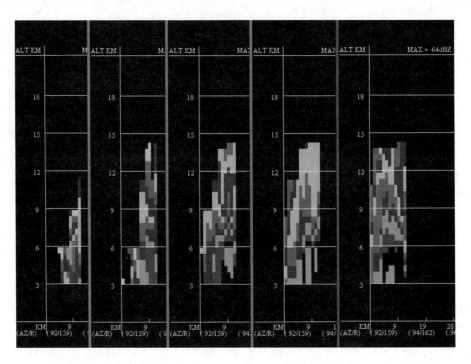

图 6.10　2007 年 7 月 24 日闪电发生前后雷暴云演变情况

6.4.3　组合反射率因子（CR）特征

由于组合反射率因子可以直观地反映回波的强中心位置，展示各层回波的最强反射，并能有效探测较高处的强反射，确定雷暴结构的外观和强度趋势，并快速标识最强烈的雷暴，确定在何处生成反射率剖面图像产品。因此，可以利用这个产品有效地确定回波的强中心，并把这个强中心与基本反射率的强中心进行比较，从而进行强对流回波的定位。

组合反射率因子强度 46dBZ 是识别雷暴云的一个重要判据。随着季节的变化，雷暴云的组合反射率因子强度的变化较小。另外，根据实测可知，两块强度 45dBZ 以上的对流单体合并后将迅速发展，与合并前的对流单体相比，其强度增大、高度升高、面积扩大，对流更加激烈，会出现雷电。

6.4.4　垂直液态水含量（VIL）特征

垂直液态水含量（VIL）是多普勒天气雷达的一个二次反演变量。它体现的是地面单位面积上云体内的水汽质量，定义为液态水混合比的垂直积分。假定反射率因子完全取决于水汽反射的回波能量，则有

$$VIL = \sum_{h=0}^{ET} 3.44 \times 10^{-3} \times Z(h)^{\frac{4}{7}} \qquad (6.1)$$

其中，ET 是回波顶高；$Z(h)$ 是单位面积上各高度的回波强度，单位是 kg/m^2；h 为高度。

　　垂直液态水含量与基本反射率强度有关，而持续增大的垂直液态水含量又对应于超级单体回波，利用这一特性可以帮助识别更强的回波，从而进一步确定雷暴出现的可能性。垂直液态水含量还有一个特性，即"快速减小的垂直液态水含量可以引起风灾"，利用这一特性，可以对雷雨大风进行探测识别。

　　发生闪电的垂直液态水含量特征统计如图 6.11 所示。

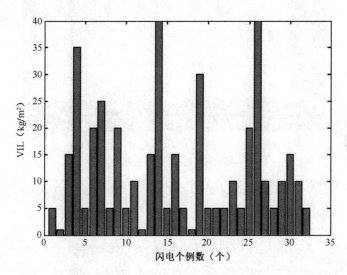

图 6.11　发生闪电的垂直液态水含量特征统计

　　从图 6.11 可以看出，VIL 的特征比较离散，但初步判断 VIL 大于 $5kg/m^2$。但是，综合回波顶高和垂直液态水含量来看，如果回波顶高没有达到 7km，而垂直液态水含量超过 $5kg/m^2$，并没出现闪电；反之，如果垂直液态水含量没有达到 $5kg/m^2$，而回波顶高超过 7km，也没出现闪电。由此可见，综合多种因子来进行闪电分析与预报，会有较好的效果。

6.4.5　CAPPI 特征

　　6km 高度处的回波强度可以很好地指示地面降水的强度。发生闪电的雷暴 CAPPI 特征统计显示，6km 高度处所有雷暴的强度均在 20dBZ 以上，同时 65%的雷暴的强度在 35dBZ 以上（见图 6.12）。

6.4.6　风暴体跟踪——STI 算法

　　风暴体跟踪信息（Storm Tracking Information，STI）算法是指，根据连续时间内的多个体扫识别的风暴单体及其特征，通过风暴体匹配实现风暴跟踪，再进行非线性外推预报其位置（见图 6.13）。

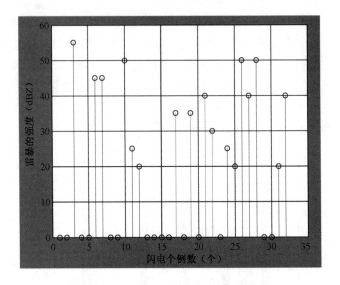

图 6.12 CAPPI 特征统计

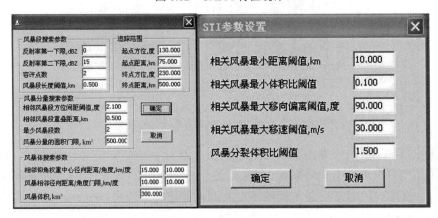

图 6.13 STI 算法参数设置

在图 6.14 中，● 表示风暴的过去位置；⊕表示风暴追踪的起始位置；+表示风暴的预报位置；虚线为由 A1～A8 预测的 1 小时内的回波移动路径；A9～A12 为 A8 后 1 小时内每 15 分钟预测的回波位置。

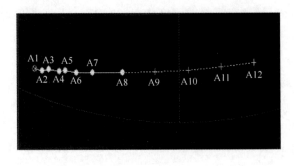

图 6.14 风暴体移动路径预测

在图 6.15 中，细线为回波的真实轮廓，粗线为下一个体扫预测的回波轮廓和位置。● 表示风暴体过去的几何中心位置；虚线连接的点表示预测的风暴体中心位置。

图 6.15　基于风暴体轮廓的移动路径预测

在 STI 算法中加入环境风场参量，可以提高追踪、预测风暴体的准确性。

引入引导气流，提高了预测风暴体的准确性，也就是说对未来 1 小时内的闪电的落区有了更加准确的判断（见图 6.16）。

（a）闪电、风场与雷达图的叠加显示

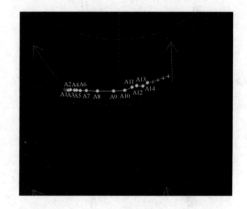

（b）风场、闪电与风暴体预测移动路径叠加显示

图 6.16　轮廓跟踪——引入引导气流

第 7 章

闪电的其他探测方式

● ● ● ● ● ● ● ●

气象卫星探测闪电具有探测时空范围大的特点,利用气象卫星可以全时空探测全球或局部地区的闪电。

7.1 卫星闪电探测系统

7.1.1 美国卫星闪电探测系统

美国从 20 世纪 60 年代开始研制卫星闪电探测仪,先后研制了曝光光度计、光电二极管、扫描辐射计等不同种类的卫星闪电探测仪。但是,这些探测仪器存在定位精度低、探测效率低、只能在某些时段观测、无法提供闪电特征等缺陷。20 世纪 80 年代,NASA 利用 U-2 高空飞机作为观测平台,开展闪电辐射特性观测试验,并在 20 世纪 90 年代中期成功研制出新一代光学闪电成像仪——卫星闪电光学瞬态探测器(Optical Transient Detector,OTD)和闪电成像传感器(Lightning Imaging Sensor,LIS),并由低轨卫星携带上天,从根本上改变了卫星闪电探测的局面。

在图 7.1 中,OTD/LIS 是 NASA 研制的光学闪电探测器,两者都搭载在极轨非太阳同步卫星上,垂直向下观测雷暴云中闪电发出的强烈光脉冲,结合一个窄带干涉滤光器将影像聚焦在高速的(500 帧/s)、128 像素×128 像素的电荷耦合装置(Charge Coupled Device,CCD)焦平面上。窄带干涉滤光器的中心波长为 777.4nm,最大半宽为 0.856nm。OTD/LIS 可以给出闪电发生的时间、经纬度、光辐射能、持续时间等信息。表 7.1 给出了 OTD 与 LIS 的各种特性比较。

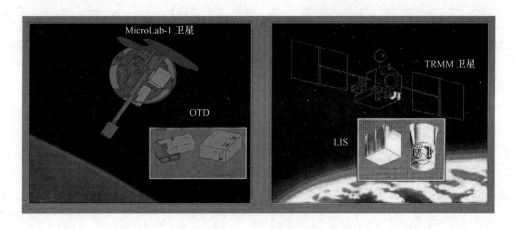

图 7.1　星载闪电探测器示意

表 7.1　OTD 与 LIS 的各种特性比较

	OTD	LIS
搭载卫星	微实验室（MicroLab-1）卫星	TRMM（Tropical Rainfall Measuring Mission）卫星
运行时间	1995 年 4 月 3 日发射 2000 年 3 月结束观测	1997 年 11 月 28 日发射 2001 年 8 月升轨 2006 年 9 月结束观测
轨道倾角和高度	70º，750km	35º，升轨前 350km，升轨后 402.5km
视野	1300km×1300km	升轨前 580km×580km 升轨后 667km×667km
空间分辨率	8km（天底）	4km（天底）
每次飞越固定点时对该点最长探测时间	约 270s	升轨前约 80s 升轨后约 90s
探测效率	夜间 56%±7% 白天 44%±9%	夜间 93%±4% 白天 73%±11%

　　OTD 由微实验室（MicroLab-1）卫星携带，MicroLab-1 卫星于 1995 年 4 月发射升空。OTD 是世界上第一台全天候且具有很高探测率的空基闪电探测定位仪；其主要任务是通过探测地球表面大面积区域的闪电活动，提高人类对雷暴分布、移动及暴风雨变化的认识。OTD 包括一个探测光学瞬间变化的闪电识别器，由于其具有较高的灵敏度和较宽的动态范围，即使云在被太阳光照亮时也可以探测到云闪和地闪产生的光脉冲。OTD 的重要部件是一个 128 像素×128 像素的电荷耦合器件（CCD）阵列，其采样率大于 500f/s。由于使用了广角镜，因此 OTD 能够监测到地球上 1300km×1300km 范围内的闪电，空间分辨率为 8km（天底），时间分辨率为 2ms。由于搭载 OTD 的卫星为极轨卫星，因此其观测区域的本地时间存在漂移，完成一个完整的本地日循环约需要 55 天。OTD 的探测效率不是很高，白天仅为 35%～43%，夜间为 49%～63%，实际上它是闪电光学成像探测的第一台原理性样机，其工作到 2000 年 3 月。搭载 OTD 的卫星轨道高度为 750km，轨道倾角为 70°。OTD 在探测效率和闪电定位精度等方面还存在一定的缺陷。

LIS 于 1997 年 11 月由 TRMM 卫星携带上天。TRMM 卫星升轨前的轨道高度为 350km，升轨后的轨道高度为 402.5km，轨道倾角为 35°。LIS 也采用 128 像素×128 像素 CCD 阵列，空间分辨率为 4km（天底），升轨前的视野为 580km×580km，升轨后的视野为 667km×667km，白天的探测效率达 60%以上，夜间的探测效率达 90%左右。LIS 具有根据观测背景辐射状况变化而改变阈值的功能，更能适应白天和黑夜均探测闪电的需求，提高了闪电探测效率。由于 TRMM 卫星轨道倾角为 35°，因此 LIS 主要用来探测中低纬度地区热带风暴的信息。

LIS 是 OTD 的后续产品，其基本构成、输出产品与 OTD 类似，但灵敏度比 OTD 高 3 倍，探测效率也有相应提高。LIS 以大约 7km/s 的速度围绕地球运转，可以监测孤立雷暴或雷暴系统。与 OTD 一样，搭载 LIS 的卫星也采取极轨观测方式，其完成一个完整的本地日循环大约需要 49 天。

表 7.1 中也给出了 OTD 和 LIS 的性能差异。OTD 和 LIS 获得的大量全球闪电数据，提供了关于全球闪电分布状况的信息，得到了各国科学家的广泛应用，取得了一系列重要研究成果。然而，我们也应该看到，受卫星平台的制约，OTD 和 LIS 对闪电的探测能力仍然很有限。这不仅表现在其探测覆盖范围极其有限，而且由于低轨卫星始终处于绕地球运动状态，因此 OTD 和 LIS 对视野范围内任一地点的探测时间只有大约 90s，获得的闪电事件只是卫星运行到某个地点而同时该地点正在发生的闪电事件，这仅是该地点全年全部闪电事件中极少的一部分。因此，OTD 和 LIS 提供的闪电只是局域地区在一定时间平均意义上的闪电分布频率信息，根本无法实现闪电的实时监测、跟踪和预警。

鉴于此，Walfe 和 Nagler 等在 1980 年首次提出从地球静止轨道卫星上对闪电进行成像探测的设想。NASA 从 20 世纪 80 年代后期开始，开展了大量基础性研究，通过 OTD 和 LIS 的研制，完成了技术上的试验和准备，开始规划和研制地球静止轨道卫星上搭载的闪电成像仪（Geostationary Lightning Mapper，GLM），并于 2014 年前后由 GOES-R 卫星携带上天。

与低轨卫星闪电探测相比，地球静止轨道卫星上搭载的闪电探测仪具有如下优点：

（1）时间分辨率高；

（2）定位精度高；

（3）探测效率高；

（4）提供对闪电的连续细致追踪，尤其是具有对台风、暴雨等强对流天气的移动过程和移动路径进行连续监测、跟踪和预警的能力，这是 OTD 和 LIS 根本无法相比的。

我国第二代地球静止轨道气象卫星风云四号气象卫星闪电成像仪已经得到应用。风云四号气象卫星闪电成像仪是全球第二个列入发展计划的地球静止轨道卫星闪电成像仪，其从根本上改变了我国闪电探测及相关应用和研究领域的面貌。

7.1.2 星载 VHF 定位技术

虽然目前卫星上的光学传感器的空间分辨率有限（较低，10km 量级），不能区分云闪和地闪，也难以分辨放电过程中的细节特征，但地球静止轨道卫星闪电成像仪可能是最有业务应有前景和研究价值的全球闪电活动监测手段。与光学传感器相比，星载 VHF-UHF 定位技术（TOA 和相位干涉仪）可以区分云闪和地闪，也有可能识别放电过程中的细节特征，有两种卫星 VHF-UHF 定位系统正在研制、试运行中。一种是利用 GPS 卫星系列搭载类似 FORTE 上的 VHF 接收机，利用 DTOA 技术，实现全球闪电的定位监测。目前已有单个 GPS 卫星搭载这种接收机的试运行结果，整个 GPS 卫星系列搭载这种接收机尚未进行。另一种是利用相位干涉仪天线阵，探测和定位闪电 VHF 辐射的 ORAGES（Observation Radio lectrique et Analyse Goniom trique des Eclairs par Satellite）。利用这两种系统实现星基闪电定位的计划仍在试验阶段。鉴于星载 VHF-UHF 定位技术的优势，这方面技术的发展、研究将是未来雷电星基探测的一个重要方向。

不同于传统的气象观测，气象卫星自上而下地从宇宙空间连续不断地进行全球范围的探测。气象卫星上搭载着能够接收紫外线、可见光、红外线、微波的探测器。在卫星围绕地球表面飞行过程中，其对大气和地球表面进行遥感探测。所谓遥感就是测定辐射能量的过程。根据测定的辐射能量差异，可以反过来了解大气和地球表面的物理、化学属性，以及各个体的几何形状、空间排列、分布状况等空间信息特征。

利用卫星对闪电进行监测始于 20 世纪 60 年代。20 世纪 60 年代早期发射升空的 OSO2（轨道太阳实验室）上的紫外线光谱仪意外地观测到地球上的闪电；在此启发下，科学家们研制了专用的闪电光学传感探测器。美国利用卫星搭载的闪电观测设备，如 LMS（Lightning Mapping Sensor）、OTD、LIS 等空间闪电探测器从太空探测全球闪电。这些空间闪电探测器主要利用闪电的闪光信号进行探测。

7.1.3 OSO 光度计

OSO（Orbiting Solar Observatory）系列卫星上搭载的光度计可以探测闪电。此类光度计为宽波段（$0.35\sim0.5\mu m$ 或 $0.6\sim0.8\mu m$）光度计，最小光探测阈值为 3×10^5 光子/cm^2，对应闪光功率约为 108W，望远镜视场为 $10°$，空间分辨率为 $1°$。

7.1.4 硅光电管阵列探测器

硅光电管阵列探测器搭载在 DM SP 系列卫星上，是一种专用的闪电探测仪器。其探测闪光功率为 $10^8\sim10^{10}W$，地面分辨率约为 750km×750km，仅能探测当地午夜发生的闪电。类似地，单硅光电管探测器搭载在 DM SP25D 卫星上，可以探测黎明和黄昏发生的闪电。

7.1.5 全天候光学闪电监测器

全天候光学闪电监测器是一种放置在航天飞机上的全天候闪电监测仪器。其主要由一台带衍射光栅的 16mm 摄像机、示警装置、光敏元件和磁带记录仪组成。白天时，宇航员利用它对闪电摄像；夜间时，宇航员使用衍射光栅获取闪电的光谱信息，进而反演闪电通道的温度、压力、组分、电子浓度、粒子百分比等信息。

7.1.6 闪电图像仪

闪电图像仪由地球静止轨道气象卫星 GOES 携带，因此其能对某一地区进行连续观测。闪电图像仪的视场为 10.5°，主要由两个 600 像素×400 像素的 CCD 阵列组成。其地面分辨率较高，约 10km。闪电图像仪的窄带滤光片中心波长位于闪电强光辐射线上，即 777.4nm。闪电图像仪的积分时间为 2ms。闪电图像仪采用了空间、光谱和时间过滤及背景消除技术，有效地去除强烈但缓变的背景光（如太阳反射光），因此夜间和白天都能观测。闪电图像仪的动态范围基本上覆盖了闪电光辐射功率，对云闪和地闪的有效探测率高于 90%。

7.2 雷电电流的监测

雷电引起的强电流是重要的闪电参数，其中雷电电流的振幅和波形对于雷电的防护和防雷工程的设计是必须考虑的一个重要参数。同时，由确定的雷电电流可以推算电荷、能量、电矩及其他有关参数。因此，对雷电电流的观测和监视，对于了解和研究分析大气中的雷电过程有重要意义。

例如，由雷电电流峰值分析发现：对地或对低建筑物的闪击，几乎都是由向下先导引发的，当建筑物高达 100m 或以上时，向上先导引发的闪击比例增大。

7.2.1 雷电电流峰值的测量

1897 年，Pockels 发现，玄武岩遭雷击后有剩磁，即使是由雷电流引起的磁场也只能持续极短的时间，剩磁仅与雷电电流的峰值有关。为此他加工了一批玄武岩块，将它们放置在建筑物的避雷针上，测量到电流振幅为 11kA 和 20kA。几十年后，人们用高剩磁钢条束代替天然玄武岩，并发展了磁钢棒法。磁钢棒已成为测量雷电电流峰值的主要工具。

磁钢棒用钴钢条和其他可磁化材料制作，也可用粉状磁性材料熔结制成。一般在与被测量雷电电流不同距离处放置两个磁钢棒，这样可以增大被测量雷电电流峰值的范围，并对测量结果进行比较。磁钢棒中因雷电电流感应的磁通量密度可以用磁强度计测量，因而后来发展了用于测量磁钢棒获取雷电电流的仪器，主要有雷电电流计、磁涌浪波前沿记录器、磁涌浪积分器。

由于闪电常常包含多次闪击过程，继后闪击电流的极性可能会与首次闪击电流的极性相反，多次闪击过程中均会对铁氧磁体产生作用，电流方向相反时会对前次闪击产生的剩磁起到削减作用，这样铁氧磁体上最终形成的剩磁极有可能是多次闪击综合作用的结果。即使是只包含一次闪击过程，也会因闪击电流波形尾部的反向冲击电流而减少剩磁量值，因此，只凭被测铁氧磁体上剩磁量值大小推测电流振幅会产生较大误差。

7.2.2　雷电电流的测量

通过导体的电流将产生磁场，电流的变化引起磁场的变化，Norinder 利用合适的环形天线，接收雷电电流，并以高速阴极示波器显示，这成为直接获取雷电电流随时间变化的途径。测量雷电电流一般有以下 3 种方法。

第 1 种方法：通过测量精密分流电阻上的电压降，算出雷电电流的大小。

第 2 种方法：利用感应线圈上的电压，即

$$V = M(\mathrm{d}i/\mathrm{d}t) \tag{7.1}$$

测出 V，再对时间积分，就能求出雷电电流，即

$$i = M^{-1}\int V \mathrm{d}t \tag{7.2}$$

第 3 种方法：采用数字储存示波器自动记录雷电电流的波形。

在测量雷电电流时，如果在电路中采用电容器件和电感器件，则会影响测量的时间分辨率，所以电路中不应有电容器件和电感器件。但是，为提高测量时间精度，可以采用无感精密电阻分路和示波器。图 7.2 是采用 60m 天线塔测量闪击雷电电流波形的装置，双线示波器用于测量正、负电流波形。

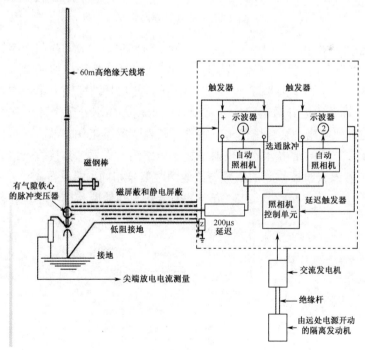

图 7.2　塔式雷电电流测量系统

7.2.3 雷电计数器

将两个相同的环形天线互相垂直放置，当闪电信号以 45°方向入射至两个环形天线时，它们所感应的电动势应当相等。感应信号分别经两路放大器放大，得到振幅相等、相位相同的两路闪电信号。两路放大器各与一个触发电平相等的触发器相连接，并在触发器的输出端得到一个方波（见图 7.3 左），此方波的前沿时间相同；然后又各自触发一个单稳态电路，于是在两路单稳态电路的输出端得到时间一致的窄方波（见图 7.3 右），窄方波持续时间为 0.4μs，记录 10°左右的闪电方位角。

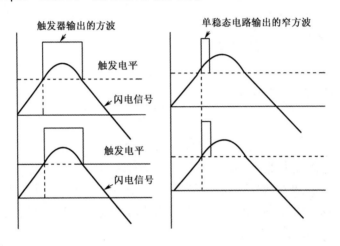

图 7.3　雷电计数器原理

两路单稳态电路和"与"门电路相接，在同一时间里，当"与"门电路输入端各输入路都有信号时，"与"门电路才有信号输出。因此，当两个环形天线所接收的信号振幅相等、相位相同时，"与"门电路就有一个信号输出。此信号随即输入单稳态电路，再进入一个推动电路，推动雷电计数器记一次雷电。当雷电方向离开两个环形天线夹角等分线（45°）时，"与"门电路不会输出信号，雷电计数器也就不工作。

为消除来自 225°的雷电计数，仪器增加了第三路放大器，其接收天线为一个无方向性的垂直天线。若该天线接收到的信号与其他两路信号相同，即来自 45°方向，则雷电计数器可记一次雷电；若它接收到 225°方向的信号，与其他两路信号相位相反，则雷电计数器不记录。

第8章

雷电监测资料的综合应用

· · · · · · · ·

我国自 2004 年开始将局地雷电探测网联合成一个大的全国雷电探测网，统一进行数据综合处理与定位计算。对全国雷电探测网监测到的雷电数据进行分析，可以得到表征雷电活动特征的参数。

8.1 雷电监测资料的分析应用

1. 雷电（回击）密度分布

雷电密度指单位面积上的年落雷次数，是雷电防护工程最重要的参数之一，直接反映了雷电的空间分布特性。雷电密度高的区域为雷电多发区，雷击发生概率较大，因此雷电防护工程要求也较高；反之，雷电密度低的区域雷击发生概率较小，雷电防护工程要求也较低。

当前，全国雷电探测网的平均定位误差为 1km 左右，因此可以 2km×2km 网格来统计单位平方千米内雷电发生的平均密度。

2. 雷暴日分布

雷暴日是指在某个区域内年发生雷电的天数。雷暴日分布直接与指定的统计区域相关。

雷暴日是雷电防护工程的最重要参数之一，直接反映雷电的时间分布特性。雷暴日多的区域为雷电多发区，雷击发生概率较大，雷电防护工程要求也较高。目前，我国主要以县级行政区域为单位、以气象观测人员听到的雷声数进行雷暴日统计。根据国外相关研究，听力好的人能够听到 20km 以外的雷声，听力不好的人只能听到 5km 以内的雷声；同时，能否听到雷声与雷声的大小、背景噪声及传播路径有无障碍等诸多方面相关。因此，采用 10km×10km 网格作为标准统计区域，以雷电定位数据进行雷暴日统计是一种更科学的方法。

3．雷电小时数分布

雷电小时数是指在一定区域内全年发生雷电的小时数总和。按照 10km×10km 网格统计，2008 年，位于长江以南的 15 个省（自治区、直辖市）大部分区域的雷电小时数都在 90 小时以上，其中，广东、广西、云南、贵州、四川某些地区的雷电小时数在 120 小时以上。

4．雷电极性分布

雷电正闪次数占总雷电次数的百分比，与雷暴发生的季节、持续时间、强弱程度、发展趋势及发生地的地形地貌等存在很强的相关性。全国雷电极性分布是在雷电密度分布的基础上提取雷电正闪次数占总雷电次数的百分比形成的，单位为正闪百分比/(平方千米·年)。

5．雷电频数分布

雷电频数是指在一定区域内全年平均每小时发生雷电的次数。雷电频数分布很好地反映了雷电发生的剧烈程度。

6．负闪平均强度分布

雷电强度是指雷电回击过程中通道电流的峰值强度。图 8.1 反映了 2008 年我国负闪平均强度分布情况。从图 8.1 中可以看出，负闪平均强度主要集中在 30kA，范围为 10～235kA。

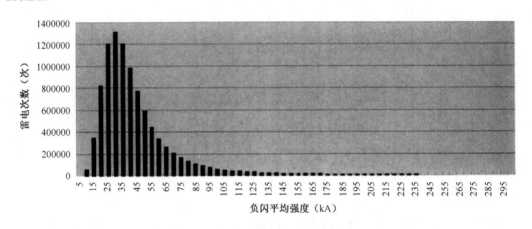

图 8.1　2008 年我国负闪平均强度分布

8.2　雷电监测资料在临近预警中的应用

雷电临近预警是指，根据实时观测资料，如雷达、卫星、闪电定位仪、大气电场仪等的探测资料，给出 0～2h 雷电预报。长期以来，国内外的研究人员和业务人员在利用雷达、卫星等探测资料进行雷电临近预警方面做了大量深入的研究工作。例如，美国空军第 45 天气中队总结了以雷达为工具的雷电临近预警经验规则，主要利用了最大回波强度及其出现的高度、强回波体积、回波顶高等参数，并针对不同类型云体的云闪、地闪提出了不同的规则（见表 8.1）。

表 8.1　美国空军第 45 天气中队总结的雷电临近预警经验规则

现　　象	规　　则
单体雷暴，云闪初生	≥37～44dBZ，在-10℃层以上，高度≥915m，持续 10～20 分钟
单体雷暴，地闪初生	≥45～48dBZ，在-10℃层以上，高度≥915m，持续 10～15 分钟
砧状云，云闪	≥23dBZ，垂直厚度≥1220m，且依附于积雨云母体
砧状云，地闪	≥34dBZ，垂直厚度≥1220m，且依附于积雨云母体
闪电终止	不符合上述经验规则；与最后一次闪电之间的时间间隔具有较高不确定性
单体雷暴，最后一次地闪	<45dBZ，在-10℃层及其以上，持续时间≥30 分钟

结合国内外的研究现状及实际业务应用情况，本节着重介绍基于天气雷达和大气电场仪的雷电临近预警方法，并简单介绍基于卫星探测资料的雷电临近预警方法。

Dye（1989）选取美国新墨西哥州中部的小型雷暴作为研究对象，研究雷暴初生的雷达回波特征，发现当 40dBZ 的回波达到-10℃高度且云顶高超过 9.5km 时就会有闪电即将发生。Buechler 与 Goodman（1990）针对美国佛罗里达州、亚拉巴马州、新墨西哥州的 15 个雷暴的研究也得到了类似的结论。Hondl 和 Eilts（1994）检验了利用多普勒天气雷达对雷暴的形成，以及云闪、地闪的发生进行临近预警的可行性，通过对雷达资料的反演发现：冻结层附近出现 10dBZ 的回波可能是雷暴初生的特征，并且该特征出现之后 5～45 分钟首次云闪、地闪可能发生，但该方法存在虚警率较高的问题。Gremilion 与 Orville 结合美国雷电监测网数据，分析了 1992—1997 年美国肯尼迪航天中心夏季上空 39 个气团雷暴对应的雷达回波反射率特征，提出将-10℃高度连续两个雷达体扫回波强度都达到 40dBZ 作为雷达预报雷电活动的最佳指标。王飞结合闪电资料、探空资料、多普勒天气雷达资料对北京地区 2005 年夏季的 20 个雷暴单体进行分析，指出 40dBZ 是比较适合北京地区的雷电临近预警特征量。谢屹然等发现，云体液态水含量的增大会导致雷暴首次放电时间延迟，并造成放电位置下移，以及雷电频数的减小。

在实际业务中，基于天气雷达的雷电临近预警关键要解决两个问题：

（1）哪些云体覆盖的区域可能发生雷电？

（2）这些云体未来的移动趋势是什么？

针对上述两个问题，借鉴 NCAR 开发的 TITAN 算法与 WSR-88D 数据处理 BUILD 9.0 相关算法进行空间三维雷暴体识别，计算雷暴特征量，并对相邻时次雷暴进行相关匹配，进而实现外推预报，达到雷电预警的目的（见图 8.2）。

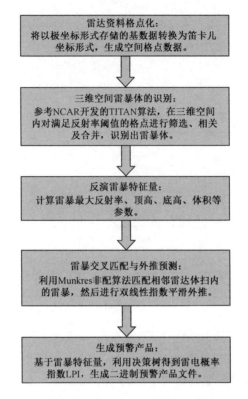

图 8.2　基于天气雷达进行雷电临近预警的流程

8.3　气象雷达资料格点化

新一代多普勒天气雷达进行立体扫描探测，雷达波束是沿着不同仰角进行锥面扫描的。所以，原始的气象雷达探测数据通常以球坐标形式存储（仰角、方位角和径向距离），空间分辨率很不均匀。因此，如何将球坐标形式的雷达放射率资料内插到笛卡儿坐标系下，形成空间分辨率均匀的三维格点数据（经度、纬度和高度）就是实现雷暴识别、跟踪和预测的第一步。雷达资料格点化流程如图 8.9 所示（NVI 插值法）。

8.3.1　天气雷达的体扫模式

新一代天气雷达存在两种工作模式：晴空模式和降水模式。工作模式的不同决定了雷达采取何种体扫模式（Volume Cove-rage Pattern，VCP）。现阶段，新一代天气雷达有 3 种常用的体扫模式，即 VCP11、VCP21、VCP31。其中，VCP11 和 VCP21 在降水模式下使用，VCP31 在晴空模式下使用。不同的体扫模式确定了扫描一次所需的时间及仰角层数。具体而言，VCP11 对应 5 分钟完成 14 层不同仰角扫描；VCP21 对应 6 分钟完成 9 层不同仰角扫描；VCP31 对应 10 分钟完成 5 层不同仰角扫描。3 种体扫模式的具体仰角如表 8.2 所示，对应雷达波束在标准大气折射下的传播路径如图 8.4、图 8.5 所示。

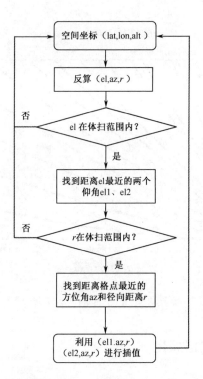

图 8.3　雷达资料格点化流程（NVI 插值法）

表 8.2　不同体扫模式的具体仰角

仰角序号	1	2	3	4	5	6	7	8	9	10	11	12	13	14
VCP11（°）	0.5	1.45	2.4	3.35	4.3	5.25	6.2	7.5	8.7	10.0	12.0	14.0	16.7	19.5
VCP21（°）	0.5	1.45	2.4	3.35	4.3	6.0	9.9	14.6	19.5					
VCP31（°）	0.5	1.5	2.5	3.5	4.5									

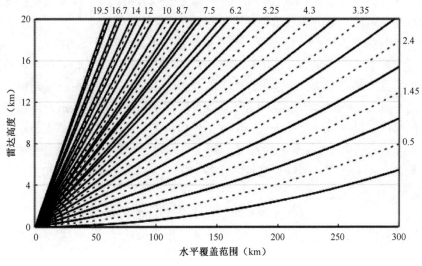

图 8.4　VCP11 的波束路径

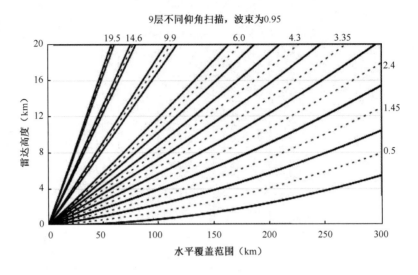

图 8.5　VCP21 的波束路径

8.3.2　雷达资料的三维格点化

为了实现三维空间内雷暴的识别，需要将以极坐标形式存储的空间分辨率极不均匀的雷达体扫数据插值到笛卡儿坐标系下，形成空间分辨率均匀的格点数据。同时，为了提高雷电预警的可靠性，在插值过程中应尽可能地保留反射率资料原始的结构特征。

以 VCP21 体扫模式为例，确定插值生成的三维格点数据在垂直方向上的范围为 17km，共分 21 层，5km 以下垂直分辨率为 0.5km，5～17km 内垂直分辨率为 1km。这样分层的主要原因是，VCP21 体扫模式的底层仰角 0.5° 在径向距离 230km 处高度约为 5km，在径向距离 460km 处高度约为 17km；距离雷达 230km 内（对应高度 5km 以下）雷达资料数据密度较大，距离雷达 230～460km 内（对应高度 5～17km）雷达资料数据密度较小。格点数据的水平分辨率取 0.01°×0.01°（大致对应 1km×1km）。

在确定了目标三维格点之后，根据某一格点在笛卡儿坐标系下的纬度、经度、高度，反算其在球坐标系下的仰角、方位角和径向距离；然后根据计算所得的球坐标位置，利用适当的内插方法给格点赋值，即得到该格点的分析值。设目标格点在三维网格中的坐标为（Latdes，Longdes，Altdes），其中，Latdes 为目标格点纬度，Longdes 为目标格点经度，Altdes 为目标格点海拔高度；雷达天线所在位置坐标为（Latr，Longr，Altr），其中，Latr 为纬度，Longr 为经度，Altr 为海拔高度。基于大圆几何学理论和无线电波传播相关知识可确定目标格点相对于雷达天线位置的极坐标（e，a，r），其中，e 为仰角，a 为方位角，r 为径向距离，具体公式为

$$\sin a = \cos(\text{Latdes})\sin(\text{Longdes} - \text{Longr})/\sin(s/R) \tag{8.1}$$

式中，s 为目标格点与雷达天线之间的大圆距离，R 为地球半径，根据大圆几何学可得 s 的公式为

$$s = R\arccos\left[\sin(\text{Latr})\sin(\text{Latdes})\right] +$$
$$\cos(\text{Latr})\cos(\text{Latdes})\cos(\text{Longdes} - \text{Longr}) \tag{8.2}$$

令 $C=\sin a$，根据简单的三角函数及雷达天线转动的起始位置和方向，则该格点的方位角 a 为

$$a = \begin{cases} \arcsin C, & \text{Latdes} \geqslant \text{Latr}, \ \text{Longdes} \geqslant \text{Longr} \\ \pi - \arcsin C, & \text{Latdes} < \text{Latr} \\ 2\pi + \arcsin C, & \text{Latdes} \geqslant \text{Latr}, \ \text{Longdes} < \text{Longr} \end{cases} \tag{8.3}$$

仰角 e 的表达式为

$$e = \arctan \frac{\cos\left(\dfrac{s}{R_m}\right) - \dfrac{R_m}{R_m + \text{Altdes} - \text{Altr}}}{\sin(s/R_m)} \tag{8.4}$$

式中，R_m 为地球等效半径，为地球半径 R 的 4/3。

径向距离 r 为

$$r = \sin\left(\frac{s}{R_m}\right)(R_m + \text{Altdes} - \text{Altr})/\cos e \tag{8.5}$$

通过坐标转换获取各格点在雷达体扫坐标系中的位置后，便可以选取适当的插值方法计算格点的分析值。常用的插值方法有 3 种，分别是临近插值法、径向方位上临近与垂直线性内插法、八点双线性内插法。下面对这 3 种插值方法进行简要说明。

1．临近插值法

对于三维空间中某个格点，用最靠近它的雷达距离库的反射率去填充该单元格，叫作临近插值法。

2．径向方位上临近与垂直线性内插法

如图 8.6 所示，(e,a,r) 为空间某格点在雷达体扫坐标系中的位置，其中，e 为仰角，a 为方位角，r 为径向距离。(e_1,a,r) 和 (e_2,a,r) 分别为经过格点 (e,a,r) 的垂线与该格点上下相邻仰角 e_1 和 e_2 波束轴线的交点，则该格点反射率的分析值 $\text{fa}(e,a,r)$ 可以用这两点的值 $\text{fa}(e_1,a,r)$ 和 $\text{fa}(e_2,a,r)$ 线性内插得到，公式为

$$\text{fa}(e,a,r) = (w_{e_1}\text{fa}(e_1,a,r) + w_{e_2}\text{fa}(e_2,a,r))/(w_{e_1} + w_{e_2}) \tag{8.6}$$

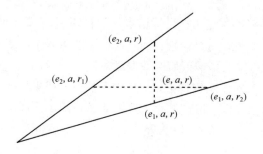

图 8.6　径向方位上临近与垂直线性内插法示意

式中，w_{e_1} 和 w_{e_2} 分别为 $\mathrm{fa}(e_1,a,r)$ 和 $\mathrm{fa}(e_2,a,r)$ 的内插权重，即

$$w_{e_1} = (e_2 - e)/(e_2 - e_1) \tag{8.7}$$

$$w_{e_2} = (e_1 - e)/(e_2 - e_1) \tag{8.8}$$

$\mathrm{fa}(e_1,a,r)$ 和 $\mathrm{fa}(e_2,a,r)$ 分别为最临近点（e_1,a,r）和（e_2,a,r）的雷达反射率距离库观测值，采用了水平方向和垂直方向上的临近插值法。

3. 八点双线性内插法

如图 8.7 所示，空间中某一格点 (e,a,r) 落在由观测值 f_{o1}、f_{o2}、f_{o3}、f_{o4}、f_{o5}、f_{o6}、f_{o7}、f_{o8} 围成的锥体之内，则该格点反射率的分析值可由这 8 个点的观测值双线性内插得到。

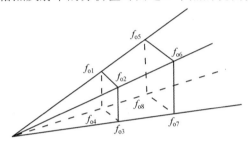

图 8.7　八点双线性内插法示意

$$\mathrm{fa}(e,a,r) = w_{e_1}\left[(w_{r1}f_{o1} + w_{r2}f_{o2})w_{a1} + (w_{r1}f_{o3} + w_{r2}f_{o4})w_{a2}\right] + \\ w_{e_2}\left[(w_{r1}f_{o5} + w_{r2}f_{o6})w_{a1} + (w_{r1}f_{o7} + w_{r2}f_{o8})w_{a2}\right] \tag{8.9}$$

式中，w_{r1}、w_{r2} 为径向距离内插权重，w_{a1}、w_{a2} 为方位内插权重，有

$$w_{r1} = (r_2 - r)/(r_2 - r_1) \tag{8.10}$$

$$w_{r2} = (r_1 - r)/(r_2 - r_1) \tag{8.11}$$

$$w_{a1} = (a_2 - a)/(a_2 - a_1) \tag{8.12}$$

$$w_{a2} = (a_1 - a)/(a_2 - a_1) \tag{8.13}$$

w_{e_1}、w_{e_2} 的计算公式与径向方位上临近与垂直线性内插法中定义的一样，详见式（8.7）和式（8.8）。

8.3.3　插值方法的选取

将以极坐标形式存储的雷达资料进行格点化的目的是，获取空间分辨率均匀的三维反射率数据，并在此基础上进行雷暴识别。同时，由于雷暴体在空间上具有连续性，并且存在很多细小尺度结构，所以希望插值后的数据既可以保持空间上的连续性，又可以尽可能地保留原始雷达资料中的回波结构特征。结合前人的研究成果，对比 3 种常用插值方法获得的雷达反射率场，可以发现：相较于存在反射率场空间不连续现象的临近插值法，以及空间反射率场过度平滑的八点双线性内插法，径向方位上临近与垂直线性内插法更能满足需求。这是因为使用径向方位上临近与垂直线性内插法得到的反射率在水平方向和垂直方向上都较为连续，并且更好地保留了雷达体扫资料中原有的回波结构特征。

8.4　三维空间雷暴体的识别

完成了雷达资料格点化处理，就可以开始对三维空间内的雷暴体进行识别。雷暴是指反射率强度 Z 达到给定阈值 T_Z，且具有一定体积（体积 V 大于体积阈值 T_V）的空间连续区域。参考 TITAN 算法，雷暴识别的步骤如下：首先，在三维格点数据的某一平面的 X 方向上搜索反射率大于一定阈值的连续格点，合并形成具有一定长度的一维雷暴串；然后，在各层格点数据中将方位距离及长度重叠的一维雷暴串合成具有一定面积的二维雷暴分量；最后，在垂直方向 Z 上将与垂直相关的二维雷暴分量合成为三维雷暴体。

8.4.1　搜索雷暴串

在进行雷暴串搜索时需要引入 4 个阈值，分别是最小反射率阈值 Z_{min}、雷暴串最小距离 L_{min}、淘汰反射率阈值 Z_{max}、淘汰反射率格点个数 N_{max}。沿某一平面的 X 方向进行格点搜索，如图 8.8 所示，寻找反射率 $Z \geqslant Z_{min}$ 的格点，并将这些格点归入一个雷暴串中，直到遇到反射率 $Z<Z_{min}$ 的格点；若该格点反射率满足 $Z_{min} \leqslant Z<Z_{max}$，且淘汰反射率格点个数小于 N_{max}，则将该格点归入雷暴串内，淘汰反射率格点数加 1；若 $Z<Z_{min}$，则终止当前雷暴串的搜索。完成一个 X 方向上所有雷暴串的搜索后，将雷暴串长度小于 L_{min} 的雷暴串删除，剩下的雷暴串保存下来以合成二维雷暴分量。

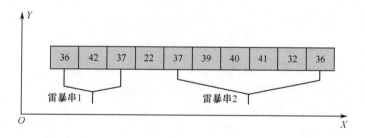

图 8.8　雷暴串的搜索

同时，计算并记录每个雷暴串的特征量：雷暴串的起点位置与终点位置；雷暴串的最大反射率、所在位置及高度；雷暴串的中心；雷暴串的反射率因子权重中心等。

8.4.2　合成二维雷暴分量

在某平面上完成雷暴串搜索之后，即可沿 Y 方向合并雷暴串形成二维雷暴分量，如图 8.9 所示。在图 8.9 中可以看到，雷暴分量 1 由 1～6 号雷暴串组成，雷暴分量 2 由 7 号、8 号、10 号雷暴串组成，雷暴分量 3 由 9 号、11 号、13 号、14 号雷暴串组成。注意：12 号、

15 号雷暴串由于彼此的重叠部分不满足阈值，不能合成雷暴分量。

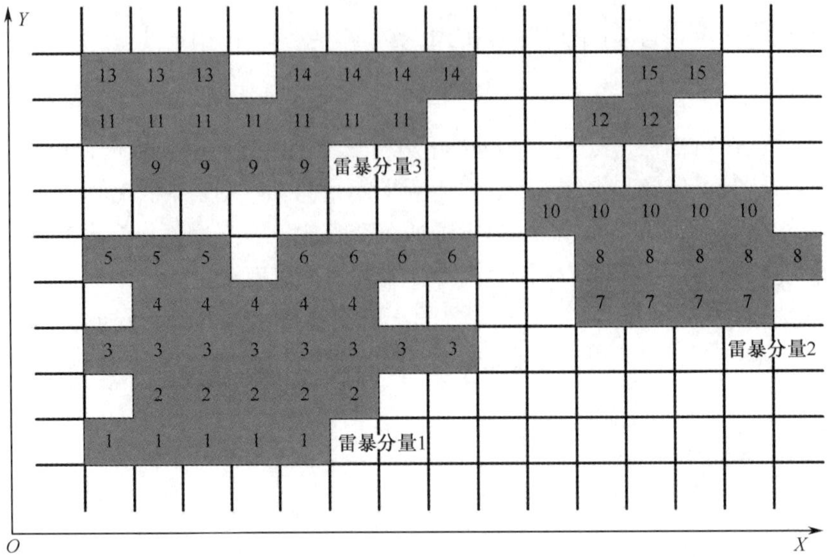

图 8.9 二维雷暴分量的合成

完成二维雷暴分量的合成之后，计算并保存：雷暴分量的几何中心和面积；雷暴分量的反射率因子权重中心；最大反射率因子及其所在高度；等等。

8.4.3 组成三维雷暴体

与二维雷暴分量合成类似，在 Z 方向上将相邻且重叠面积满足一定阈值的二维雷暴分量组合形成三维雷暴体，并计算各个雷暴体的属性，包括：

（1）雷暴体几何中心及各层的几何中心；

（2）雷暴体反射率因子权重中心及各层反射率因子权重中心；

（3）雷暴体的顶高、底高；

（4）雷暴体的体积；

（5）雷暴体各层的面积及平均面积；

（6）基于 $Z\text{-}M$ 关系计算雷暴体可降水量及各层的可降水量；

（7）基于 $Z\text{-}R$ 关系计算雷暴体的雨量；

（8）雷暴体的最大反射率、平均反射率，以及各层的最大反射率、平均反射率；

（9）雷暴体的最大反射率所在高度；

（10）雷暴体投影区域等效椭圆的位置、大小、形状。

Zittel（1976）的研究表明，雷暴体投影区域最恰当的等效投影区域为椭圆（见图 8.10），其特征量包括椭圆中心（x_e，y_e）、椭圆长短半径（r_{major}，r_{minor}），以及椭圆长半径相对于 X 轴正方向的夹角 θ。上述特征量的计算基于格点数据坐标（x，y）在投影平面上的主成分变换。主成分变换是一种获得数据主成分方向上轴线的旋转变换。就雷暴体的二维平面投影而言，主成分方向上轴线就是椭圆的长轴和短轴。

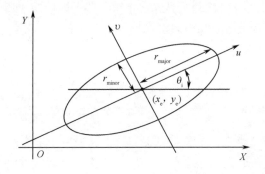

图 8.10　等效投影椭圆示意

8.5　雷暴体的跟踪

8.5.1　雷暴体的跟踪概述

在完成单体扫内雷暴体识别之后，还需要匹配当前体扫内的雷暴体与前一时刻体扫内的雷暴体，以实现对雷暴体的跟踪，进而根据雷暴体历史移动路径及其发展程度来预测其未来可能的位置及发展趋势。

图 8.11 描述了 t_1 和 t_2 时刻两组雷暴体，并且二者的时间差不大于雷达一次体扫所需时间（5～10 分钟）；同时，图 8.11 展示了 t_1 时刻雷暴体发展到 t_2 时刻雷暴体所有可能的移动路径。

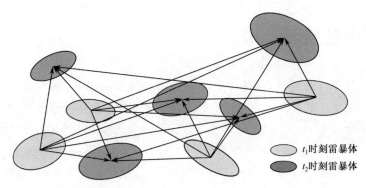

t_1时刻雷暴体

t_2时刻雷暴体

图 8.11　连续时刻雷暴体可能的移动路径示意

实现雷暴体跟踪就是要解决 t_1 和 t_2 时刻体扫内雷暴体相互匹配的问题；若能解决这一问题，就能在整个生命周期内对雷暴体进行跟踪。结合图 8.11，可以进行以下假设：

（1）雷暴体移动的真实路径应该相对较短；

（2）雷暴体的发展具有连续性，即正确的匹配会将那些尺度、形状较为相似的雷暴体联系起来；

（3）雷暴体在 Δt 时间内的移动距离存在上限，该上限取决于雷暴体的最大移动速度。

在上述假设之下，雷暴体跟踪问题可以抽象为一个最优匹配问题，即寻找最优匹配路径，并认为其是雷暴体移动的实际路径。

8.5.2 雷暴的预测

根据雷暴体的跟踪结果进行雷暴的预测，基于以下两个前提：①在较短时间内，雷暴体沿直线运动；②在较短时间内，雷暴体的生长或消亡呈现线性趋势。

当一个雷暴体首次被探测到时，不存在可用来进行预测的历史记录。在这种情况下，雷暴体所有特征量的变化率都为零，之后所有时次的预测均以双指数平滑线性模型为基础。双指数平滑线性模型是一种历史值以指数衰减权重加权的线性回归模型。

对于给定的雷暴体属性 p，考虑其时间序列 p_i，其中，$i = 0$ 表示当前时刻，$i = 1$ 表示前一时刻，以此类推，i 的取值从 0 到 nt-1（nt 为与预测相关的最大时次数）。令 t_i 为时间，w_i 为第 i 时次的权重，对于参数为 α 的指数平滑模型，$w_i = \alpha^i$，其中 $0 < \alpha \leqslant 1$。可以认为，雷暴体当前的实测值为准确值，则对雷暴体的预测基于当前实测值及各属性的变化率。假设 p_0 为雷暴体某属性的当前实测值，$\mathrm{d}p/\mathrm{d}t$ 为该属性的变化率，则有

$$p_\tau = p_0 + \left(\frac{\mathrm{d}p}{\mathrm{d}t}\right)\Delta t \tag{8.14}$$

本书设定的平滑参数 nt = 5，$\alpha = 0.5$，Δt 的典型值为 6 分钟（根据雷达的 VCP21 体扫模式）。预测提前时间设为 30 分钟，因为雷暴体预测的准确性会在第一个 30 分钟内迅速降低。

8.6 计算雷暴预警等级

选用雷暴过程中反演的雷暴体属性作为雷暴预警的敏感因子，各敏感因子依据统计分析结果给出不同阈值区间的概率，对处于不同阈值区间的敏感因子给予不同的权重，最后将各敏感因子的权重相加后除以敏感因子个数，得到雷暴概率指数 LPI。例如，选取 n 个雷暴预警敏感因子（p_1，p_2，……，p_n），以 p_1 为例，统计分析后，将 p_1 的取值区间按不同阈值分为 5 段（T_{11}，T_{12}，T_{13}，T_{14}，T_{15}），给各阈值区间分配权重为

$$Z_{p_1} = \begin{cases} 0.00, & p_1 \in (-\infty, T_{11}] \\ 0.25, & p_1 \in (T_{11}, T_{12}] \\ 0.50, & p_1 \in (T_{12}, T_{13}] \\ 0.75, & p_1 \in (T_{13}, T_{14}] \\ 1.00, & p_1 \in (T_{14}, +\infty) \end{cases} \tag{8.15}$$

同理可以得到，其他雷暴预警敏感因子对应不同阈值区间的权重，计算 $\text{LPI} = (Z_{p_1} + Z_{p_2} + \cdots + Z_{p_n})/n$，根据 LPI 发布雷暴预警等级为

$$\text{GRADE} = \begin{cases} \text{NONE}, & \text{LPI}[0, 0.25) \\ \text{YELLOW}, & \text{LPI}[0.25, 0.5) \\ \text{ORANGE}, & \text{LPI}[0.5, 0.75) \\ \text{RED}, & \text{LPI}[0.75, 1.00] \end{cases} \tag{8.16}$$

8.7　预警产品的发布

以湖南省雷电预警系统为例，其利用多普勒天气雷达探测得到雷电预警产品。该产品的时效为 30 分钟，空间分辨率为 2km×2km（也可以设置为 1km×1km），主要包括雷暴区域发生雷电的概率，以及雷电活动区域移动的趋势。下面以一个具体的个例说明基于多普勒天气雷达的雷电预警产品。

2009 年 7 月 24 日 8:00～9:00，在湖南省常德市辖区、临澧县、澧县发生了一次单体雷暴过程（该单体雷暴过程图略）。由于多普勒天气雷达数据帧缺失，因此可能会存在图像不连续的情况。预警落区用红、橙、黄格点表示，并用等效椭圆表示雷电可能发生的落区。10 分钟、20 分钟、30 分钟的外推分别用不同颜色的等效椭圆表示。此次单体雷暴过程开始于临澧县，继而向东南方向移动，进入常德市辖区和澧县。由预警外推方向可以看出，雷暴将继续向东南方向移动。从雷电发生的位置与预警落区的对应情况来看，雷电发生的位置与预警落区有很好的吻合。从这个例子来看，雷电预警产品给出的预警落区大于雷电发生的实际落区，即存在一定的空报。

这次单体雷暴过程共发生了 100 条闪电，以 12 分钟为时间步长，各时间段内闪电发生条数如图 8.12 所示。08:00～08:12 发生闪电 11 条；08:12～08:24 发生闪电 31 条；08:24～08:36 发生闪电 30 条；08:36～08:48 发生闪电 16 条；08:48～09:00 发生闪电 12 条。可以看出，雷暴的发生发展特点是：塔状积云阶段闪电数量较少；随着雷暴的发展，到雷暴成熟阶段闪电数量增多；到雷暴消散阶段闪电数量减少。

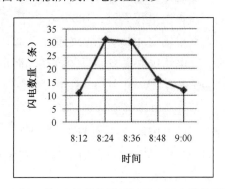

图 8.12　2009 年 7 月 24 日单体雷暴过程中闪电数量随时间的分布

8.8 基于大气电场仪的雷电临近预警

大气电场仪可以对其上空一定半径范围内的云层带电状况进行监测，能够直观地看出监测区域内电场强度的分布情况，既可以记录闪电发生前雷暴中的电活动，又可以记录雷暴过程中发生的闪电，进而实现对雷电的监测和预警。据研究，雷电的发生通常与大气电场密切相关，要发生雷电，大气电位梯度需要达到大气击穿电位梯度。一般来说，空气介质击穿电位梯度约为 $3 \times 10^6 V/m$。若空气介质中有半径为 1mm 的水滴，空气介质击穿电位梯度为 $1 \times 10^6 V/m$。当大气电位梯度达到大气击穿电位梯度时，将会有雷电发生。因此，可以从大气电场的变化情况来监测雷电。大气电场仪可以对闪电事件进行有效监测。当大气电场强度超过阈值时，系统报警，预示闪电即将发生；当有闪电发生时，大气电场仪指示的大气电场强度会出现明显不规则抖动。

湖南省长沙市的 4 个大气电场仪分别位于黄花机场、霞凝港油库、工商银行疗养院、望城区真人桥村。大气电场仪标称探测范围为 20km，实际有效探测范围小于 20km。对这 4 个大气电场仪的探测数据进行分析可以得到如下结论。

（1）大气电场仪对电场变化的反应有比较明显的延迟，或者电场的变化几乎与闪电同时发生。一方面，在大气电场仪探测范围内有闪电发生了，但是电场强度的振幅还未达到预警阈值，而是经过了一段时间（15～24 分钟）之后才有大幅度的抖动。另一方面，若大气电场仪的有效探测范围内还未发生闪电，则电场强度一直保持不变。雷暴云靠近后，大气电场仪的探测数据仍然没有发生小幅度抖动（按大气电场仪的特性来说，雷暴云靠近后，电场强度会有一定的变化）。这些情况不仅不利于雷电的临近预警，还会造成雷电漏报。

（2）部分大气电场仪（工商银行疗养院、霞凝港油库）有效探测范围外的闪电也容易达到预警电场强度阈值，这导致了很高的雷电空报率。产生这些现象的原因可能是大气电场仪本身性能的不稳定，也可能是大气电场仪安装环境引起的电场畸变。

以 2009 年 7 月 27 日的一次雷电过程为例，2009 年 7 月 27 日 02:24:46，湖南省闪电定位仪监测到距离黄花机场大气电场仪 4.40324km 处有一次负闪电发生。但是，如图 8.13（a）所示，此时黄花机场的大气电场仪并没有明显的抖动，而是大约延迟了 20 分钟后才有明显的电场强度变化。2009 年 7 月 27 日 3:20～5:20，工商银行疗养院的大气电场仪的有效探测范围内没有闪电发生，但是电场强度达到了预警电场强度阈值，最大正电场强度为 9.22kV/m，最大负电场强度为-10.93kV/m，如图 8.13（b）所示。从该个例可以看到，地面大气电场仪的延迟反应，以及大气电场仪有效探测范围外的闪电也容易达到预警电场强度阈值等，造成了雷电预警的漏报和空报。

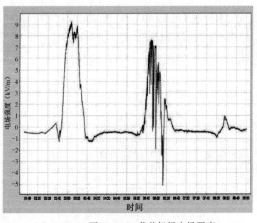

（a）01:30:00 至 09:00:00 黄花机场电场强度

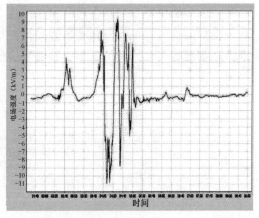

（b）01:30:00 至 09:00:00 工商银行疗养院电场强度

图 8.13　2009 年 7 月 27 日一次雷电过程的电场强度变化

8.8.1　基于大气电场和闪电定位资料的雷电预警

根据湖南省长沙市 4 个大气电场仪的探测数据可以得出：大气电场仪的不稳定、大气电场仪安装环境对大气电场强度的影响、电场强度变化的反应延迟和单独用电场强度阈值来预警的方法，会导致很高的雷电误报率。为改善雷电预警结果，降低雷电空报率和漏报率，可以利用多个大气电场仪联网监测地面电场强度，提供监测区域内地面电场强度的分布，以及雷暴体的移动路径；还可以结合闪电定位系统的观测结果，确定闪电是否已经在远距离发生，并观察闪电是否在向大气电场仪附近移动。

1．雷电预警等级划分

改进后的雷电预警方法采用了大气电场数据和闪电定位资料综合预警的方法。大气电场数据使用电场强度阈值来表征雷电预警等级；闪电定位资料的使用是指，根据已发生的闪电位置来估计雷电在大气电场仪有效探测范围内发生的可能性。

大气电场仪有 3 级预警门限，分别为 2～3kV/m、4～5kV/m、7～9kV/m。对 2008 年 2 月至 2010 年 5 月湖南省长沙市的 4 个大气电场仪数据进行统计分析，电场强度雷电预警等级划分如表 8.3 所示。

表 8.3　电场强度雷电预警等级划分

等级	1	2	3	4
电场强度 E（kV/m）	$2 \leqslant E < 5$	$5 \leqslant E < 7$	$7 \leqslant E < 9$	$E \geqslant 9$

设定闪电位置雷电预警等级，如表 8.4 所示。

表 8.4　闪电位置雷电预警等级划分

等级	1	2	3	4
距离 D（km）	30～40	20～30	10～20	0～10

雷电预警等级由两部分组成,包括电场强度雷电预警等级和闪电位置雷电预警等级。将两个预警等级组合,并将预警等级相加,可以得到 16 种组合结果。表 8.5 给出了电场强度雷电预警等级与闪电位置雷电预警等级的组合。若只有电场强度雷电预警等级,而未达到闪电位置雷电预警等级,则相加结果中只包含电场强度雷电预警等级;若只有闪电位置雷电预警等级,而电场强度还未达到雷电预警阈值,则相加结果中只包含闪电位置雷电预警等级。

表 8.5 电场强度雷电预警等级与闪电位置雷电预警等级的组合

闪电位置雷电预警等级/电场强度雷电预警等级	1	2	3	4
1	2	3	4	5
2	3	4	5	6
3	4	5	6	7
4	5	6	7	8

最终的雷电预警等级综合了电场强度与闪电位置两个因素。通过概率计算,得到综合的雷电预警等级。按发生概率将雷电预警等级划分为 4 个等级。发生概率小于 25%(将两个雷电预警等级相加后,结果等于 1、2 或 3)为雷电预警等级 1 级;发生概率大于等于 25%且小于 50%(相加结果等于 4)为雷电预警等级 2 级;发生概率大于等于 50%且小于 75%(相加结果等于 5)为雷电预警等级 3 级;发生概率大于等于 75%(相加结果等于 6、7 或 8)为雷电预警等级 4 级。与此相对应的雷电预警信号分别为蓝色预警(无雷电)、黄色预警、橙色预警、红色预警,如表 8.6 所示。

表 8.6 雷电预警等级划分

雷电预警等级	1	2	3	4
雷电预警信号	蓝色预警(无雷电)	黄色预警	橙色预警	红色预警
发生概率	<25%	[25%, 50%)	[50%, 75%)	≥75%
两个雷电预警等级相加结果	1、2 或 3	4	5	6、7 或 8

2. 雷暴移动方向的估计

对于单站大气电场仪,由于大气电场仪的有效探测范围不到 20km,所以对 20km 以外发生的雷电,大气电场仪不会有大幅度的抖动。但是,若雷暴云已经在向大气电场仪方向靠近,那么大气电场仪会监测到电场强度的变化。因此,这时大气电场仪会有小幅度抖动。例如,电场强度正向或者负向增大,表现出电荷的集聚。大气电场仪虽然能够实时反映当地雷暴云的活动状况,但缺乏直观性,无法获知雷电发生的具体方位,即单站大气电场仪不能提供雷暴云的移动方向等信息。

根据同一时间不同大气电场仪对雷暴云的响应,能够大致估计雷暴云的移动路径。一般来说,雷暴云向大气电场仪靠近,则大气电场强度增大;雷暴远离大气电场仪,则大气电场强度减小。雷暴云距离大气电场仪越近,大气电场仪的变化越明显;雷暴云距离大气电场仪越远,大气电场仪的变化越不明显。超出大气电场仪有效探测范围的雷暴云对大气电场仪的影响很小。另外，随着雷暴云的发生、发展和移动，不同大气电场仪探测到的大电场强度变化的时间也是不同的。根据不同大气电场仪探测到的大气电场强度变化的时间先后，可以估计出雷暴云移动位置的变化，从而也就知道了雷暴云的移动路径。以如图 8.14 所示的雷暴云移动路径为例，雷暴云沿 *A-B-C* 位置移动。在 *A* 点时，最先有强烈反应的应该是望城区真人桥村的大气电场仪。移动到 *B* 点时，工商银行疗养院的大气电场仪会出现强烈的抖动，同时望城区真人桥村的大气电场仪仍然会有变化。移动到 *C* 点后，霞凝港油库大气电场强度开始增大，工商银行疗养院大气电场强度最大，而望城区真人桥村大气电场强度趋于平缓。雷暴云超出了黄花机场大气电场仪的有效探测范围，其大气电场强度几乎没有变化。

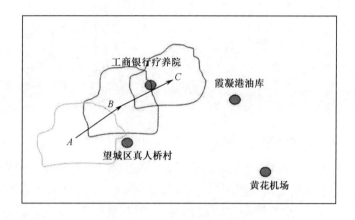

图 8.14　雷暴云移动路径示意

3．个例检验

通过前面的分析可知，在利用地面电场进行雷电预警时，将闪电定位资料加进去，可以有效地提高预警准确性。利用大气电场仪组网观测，可以预测雷暴云的移动路径。

以 2010 年 4 月 11 日 16:00 至 4 月 12 日 01:00 的雷电过程为例，从如图 8.15 所示大气电场仪探测的大气电场强度叠加图上可以看出，雷暴云 4 月 11 日 16:30 左右首先影响工商银行疗养院大气电场仪，即图中灰色大气电场强度波形最先出现大幅度抖动。这说明雷暴云距离工商银行疗养院大气电场仪最近，且可能周围发生了闪电。接着，霞凝港油库大气电场仪 4 月 11 日 18:00 开始有明显抖动。与此同时，工商银行疗养院大气电场仪仍然保持大幅度抖动，且频率增加。这说明，雷暴处于工商银行疗养院上空，并向霞凝港油库靠近。4 月 11 日 20:00 左右，黄花机场大气电场仪也开始抖动，并且有一个明显的负向集聚能量的过程。此后，黄花机场大气电场仪探测的大气电场强度最大，工商银行疗养院和霞凝港油库大气电场仪探测的大气电场强度明显减小，并趋于平缓。大气电场仪探测的大气电场强度最后恢复平稳的是黄花机场。通过闪电定位资料反演，确实发现雷电从工商银行疗养院向东南方向发展；再从工商银行疗养院与霞凝港油库之间经过，到达黄花机场；最后雷电远离黄花机场继续向东南方向移动。这与通过大气电场强度叠加图得出的结果一致，证明了利用大气电场仪组网观测确实可以预测雷暴的移动路径。

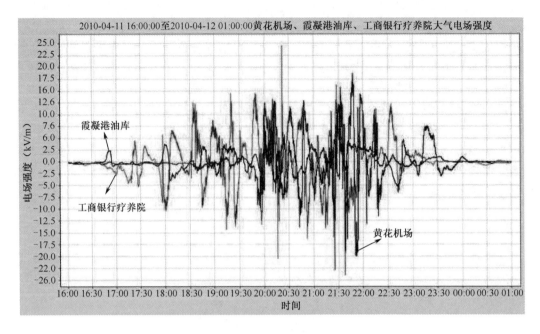

图 8.15　大气电场仪探测大气电场强度叠加图

　　对 2010 年 4 月 11 日 17:00～23:00 这次雷电过程分单站大气电场仪进行雷电预警等级验证。图 8.16 给出了这次雷电过程的落雷情况，其中，大气电场仪的内圈半径为 10km，外圈半径为 20km；正闪用"+"表示，负闪用"-"表示；4 个大气电场仪的测量范围有重叠的部分，落在重叠部分的雷电对多个站点都有影响。

　　（1）工商银行疗养院大气电场仪。第 1 条闪电发生在 17:50:56，距离大气电场仪 25.5717km，属于闪电位置雷电预警等级 2 级。此时大气电场强度最大值已经达到-8.58kV/m，属于电场强度雷电预警等级 3 级。因此，电场强度雷电预警等级加上闪电位置雷电预警等级共 5 级，即雷电预警等级为 3 级。这说明在大气电场仪有效探测范围内发生闪电的概率高达 75%。事实证明，未来 2 小时内距工商银行疗养院大气电场仪 10km 范围内发生了 2 条闪电，10～20km 范围内发生了 9 条闪电。

　　（2）霞凝港油库大气电场仪。第 1 条闪电发生在 17:56:55，距离大气电场仪 7.29623km，属于闪电位置雷电预警等级 4 级。大气电场强度为 3.75kV/m，属于电场强度雷电预警等级 1 级。综合后得到雷电预警等级为 3 级，这说明在大气电场仪有效探测范围内发生闪电的概率为 75%。未来 2 小时内距霞凝港油库大气电场仪 10～20km 范围内发生了 3 条闪电，10km 范围内发生了 1 条闪电。

　　（3）黄花机场大气电场仪。第 1 条闪电发生在 20:04:18，距离大气电场仪 9.38127km，属于闪电位置雷电预警等级 4 级。电场强度达到 11.32kV/m，属于电场强度雷电预警等级 4 级。综合后得到雷电预警等级达 4 级。经检验，未来 2 小时内距黄花机场大气电场仪 20km 范围内发生了 8 条闪电，其中 6 条闪电在 10km 范围内。

　　通过上面的分析可以看到，融合两种探测手段可以提高雷电临近预警的准确性。利用大气电场仪组网观测，可以预测雷暴体的移动路径。综合大气电场强度数据与闪电定位资料可以降低仅由大气对电场强度雷电预警的空报率和漏报率。

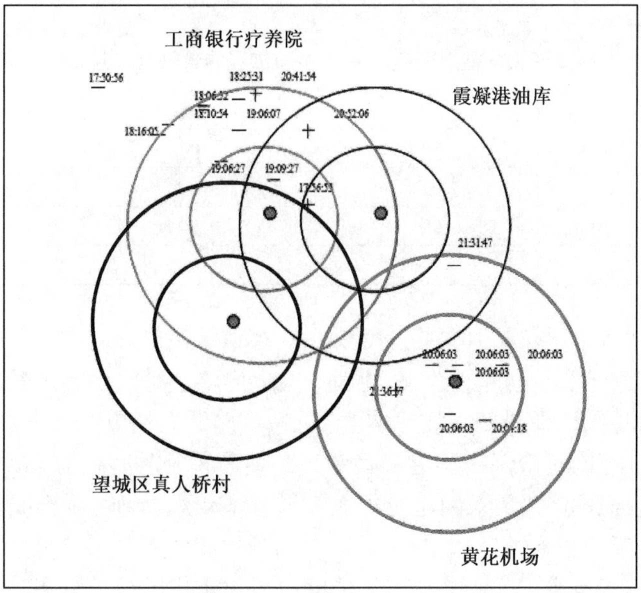

图 8.16 2010 年 4 月 11 日 17:00～23:00 雷电过程的落雷情况

4．统计检验

对湖南省长沙市 4 个大气电场仪 2009 年 2 月至 2010 年 5 月的数据进行统计。结果显示，在 21 次雷电过程中，共有 71 站次预报。雷电预警检验结果如表 8.7 所示，其中，空报数量 5 站次；漏报数量 14 站次；正确预报数量 52 站次，即 TS=0.73，PO=0.21，NH=0.09。

表 8.7 2009 年 2 月至 2010 年 5 月雷电预警检验结果

样本种类	数量（站次）	检验指标	计算结果
空报	5	空报率（NH）	0.09
漏报	14	漏报率（PO）	0.21
正确	52	TS 评分（TS）	0.73

此算法结合了大气电场仪探测数据与闪电定位资料，在进行统计检验分析时，对雷电过程中首次闪电发生在不同位置的雷电预警也进行了分距离检验。表 8.8 给出了首次闪电发生在 30～40km、20～30km、10～20km、0～10km 范围内的各项检验指标。从表 8.8 中可以看出，当首次闪电发生在远距离（30～40km）和大气电场仪本地（0～10km）时，TS 评分较高，且不存在空报。这说明此算法对于从远距离逐渐向大气电场仪移动的雷暴云所引起的大气电场强度变化，或者距离很近的雷暴云所引起的大气电场强度变化有较高的预警准确率。前者达到了对远距离闪电的预警和提前提醒作用，后者说明了大气电场仪对本地（10km 范围内）的雷电活动所引起的电场强度的变化反应最为明显。当首次闪电发生在 20～30km 和 10～20km 时，TS 评分有所减小，同时漏报率和空报率也有所提高。

这主要是由于雷暴云从大气电场仪附近经过，或者雷电在近距离发生而电场强度变化不明显所造成的。

表 8.8　首次闪电发生在不同位置的各项检验指标

位置	TS	PO	NH
30～40km	0.83	0.17	0.00
20～30km	0.67	0.24	0.04
10～20km	0.74	0.22	0.07
0～10km	0.83	0.17	0.00

仅利用单站大气电场仪进行雷电临近预警，存在很高的虚警率。大气电场仪周围环境对大气电场仪也会产生影响。因此，在利用大气电场仪进行雷电临近预警前，要做好晴天大气的电场特性观测，以便进行对比。闪电定位系统地面大气电场强度数据的实时性较高，但单站的预警区域范围有限，对移近的雷暴体的提前预警时间也有限。

将大气电场仪组网，并加入闪电定位系统进行适当组合，可以构成整个区域内雷暴和雷电活动的综合监测网，这将大大改善对雷电的预报和预警效果。另外，虽然地面大气电场仪的组网观测与闪电定位系统相结合，能够改善对雷电的预警效果，但雷电预警算法如果能够与天气雷达、卫星等其他气象观测手段及中尺度数值天气预报模式等结合，将更全面、更准确地进行雷电预警。

8.8.2　基于聚类算法的雷电临近预警应用

由于雷暴过程的发生并不是完全独立的，因此可能出现几个雷暴在时间和空间上都靠得较近的情况。在用闪电数量和闪电发生频率来标识雷暴的发生、发展时，需要分辨哪些闪电是哪个雷暴发生的，这样才能得到正确的分析结果。若将不同雷暴发生的闪电当作同一个雷暴发生的闪电来处理，则会得出错误的结论。下面介绍一种最邻近聚类算法，用来分辨哪些闪电属于特定的雷暴，并用来标识雷暴的发生、发展、消亡过程。

1. 聚类算法

聚类的粗略定义是，"把相似的物体组织到一起的过程。"引用 Everitt 关于聚类的定义：同一类簇中的实体是类似的，不同类簇中的实体之间存在差异；一个类簇即测试空间中某些点的集合，同一类簇内任意两点之间的距离必然小于不同类簇之间任意两点之间的距离；类簇可以用来描述多维空间中一个包含相对密度较高的点集的连通区域，各类簇之间则为包含相对密度较低的点集的区域。

聚类算法包括划分方法、层次方法、基于密度的方法、基于网格的方法、基于模型的方法等。*K*-Means 算法是一种基于划分思想的具体算法。其工作流程为：首先，从 n 个数据对象中任意选择 k 个对象作为初始聚类中心；然后，根据剩下的对象与前一步选出的初始聚类中心的相似度，将它们分配给与其最相似（距离最近）的聚类；最后，重新计算新聚类的聚类中心。在标准测度函数未收敛之前一直重复这个过程，一般采用均方差作为标准测度函数。

闪电数据能直观地反映某区域内是否发生了雷暴。对于大面积的闪电活动，如何识别哪些闪电属于哪个单体风暴或复合型风暴？基于闪电聚类的雷暴识别算法就可以解决这个问题。通过闪电数据的聚类，可以将属于同一个雷暴过程的闪电聚集在一起，从而完成雷暴识别。

1）格点的划分

对监测区域的格点划分不仅有利于格点内闪电密度的量化，而且有利于预报的精细化。闪电聚类算法首先定义一个感兴趣的区域，将对应雷达一个体扫时间（根据相应雷达体扫间隔，或者根据风暴生命周期选择 5 分钟、6 分钟或 10 分钟的体扫间隔，这有利于对比和验证试验）内的闪电数据细分到 10km×10km 的网格内。本书对湖南省进行格点划分，格点分辨率为 10km×10km。这个格点分辨率是根据普通单体雷暴的水平尺度确定的。雷暴单体在塔状积云阶段水平尺度为 5～8km，成熟阶段为 8～11km，消亡阶段为 8～16km。因此，选择 10km×10km 的格点分辨率是合理的。图 8.17 给出了格点化示意，其中，格点标识 i 的正方向为正北方向，格点标识 j 的正方向为正东方向。

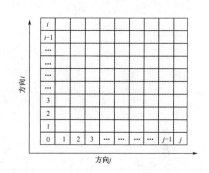

图 8.17　格点化示意

2）坐标转换

闪电数据的稀疏度对于闪电聚类的效果有明显的影响。闪电数据量小，聚类效果差；闪电数据量大，聚类效果好。算法在读取闪电数据时采用 12 分钟的时间间隔。在读取了闪电数据后，要将每个闪电数据的坐标从地理坐标（latitude，longitude）转换为直角坐标 (x, y)。直角坐标的原点 $(0, 0)$ 定在 O 点（108.7，24.6）；x 的正方向为正右方，y 的正方向为正上方。采用一种线性近似，即 0.01° 对应 1km，那么通过这种坐标转换可以将闪电数据从地理坐标转换为直角坐标。所得到的直角坐标系下的闪电数据将用于后面的闪电聚类中心的计算。通过判断闪电经度、纬度是否在某个网格点的范围内可以确定闪电的格点标识，即确定闪电在哪个格点内。

3）确定初始聚类中心

在具体运用 K-Means 算法对闪电数据进行聚类时，需要从 n 个闪电数据中选出 k 个闪电作为初始聚类中心。K 个初始聚类中心的选取不同，得到的聚类结果也是不一样的。因此，在对闪电数据进行聚类时，不是任意选取 k 个闪电作为初始聚类中心，而是选择闪电密度达到特定阈值的点作为初始聚类中心。将这 K 个初始聚类中心称为种子点（Seeds），通过 K-Means 算法可以得到由这 K 个种子点聚类的 K 个闪电集群（Cluster）。确定种子点的具体步骤如下。

第 1 步，按如图 8.17 所示的格点划分方法，将某区域划分为 $M×N$ 的网格。闪电数据读入后，将形成一个 $M×N$ 的矩阵 $\boldsymbol{D}$（见图 8.18）。矩阵 $\boldsymbol{D}$ 中各元素的值即对应格点内的闪电密度，闪电密度=格点内闪电条数/100（单位为条/km²）。若某个格点内有 2 条闪电，则闪电密度为 0.02 条/km²。复制 $M×N$ 的矩阵 $\boldsymbol{D}$ 生成种子矩阵 $\boldsymbol{S}$。

第 2 步：用 3×3 的窗来搜索孤立的闪电密度极大值，并标记可能的种子点。默认阈值是一个网格内有 2 条闪电。从行的左下角（1,1）开始，到右上角（M, N）。任意在非零的 3×3 窗中心的点 $S(i, j)$ 的值有一个邻域点的值大于或等于它的值，则将这个点 $S(i, j)$ 的值设置为零；否则这个点就留在 $\boldsymbol{S}$ 矩阵中，成为一个候选种子。例如，点 $S(4,3)$ 的值 6 大于它的邻域点的值，因此其被指定为候选种子。当窗搜索到 $S(5,3)$ 的值 4 时，这个点的值小于其下面邻域点的值，因此将这个点的值设置为零。对 $\boldsymbol{S}$ 矩阵进行一次完整的搜索后会产生如图 8.19 所示的候选种子矩阵。然而，注意点 $S(7,6)=2$ 和点 $S(8,10)=2$ 在矩阵 $\boldsymbol{D}$ 中都不是孤立的最大值点，但 3×3 窗从左到右搜索后就有了这样的结果。这些伪种子将在第 3 步移除。

第 3 步：扫描原始闪电密度矩阵 $\boldsymbol{D}$，找出其邻域中可能比候选种子的值更大的点。第 2 步搜索后得到的候选种子矩阵中可能有伪种子，扫描原始闪电密度矩阵 $\boldsymbol{D}$ 就是为了找出其邻域中可能比候选种子的值更大的点。如果一个候选种子的某个邻域不是候选种子，但其值仍然比该候选种子的值大，则这个候选种子不是孤立的最大值点，将其值设置为零。例如，将窗继续在 $\boldsymbol{S}$ 矩阵中移动，直到窗的中心移至点 $S(7, 6)$。经过第 2 步后点 $S(6, 6)=0$，则点 $S(7,6)$ 现在是一个候选种子，而 $S(7, 6)$ 的值小于 $S(6, 6)$ 在原始闪电密度矩阵中的值，因此，$S(7,6)$ 的值也应该被置为零。同理，点 $S(8, 10)$ 的值也应该被置为零。至此，一次完整的搜索产生了最后具有 K 个种子的矩阵 $\boldsymbol{S}$。

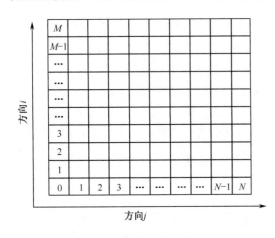

图 8.18 闪电密度矩阵 $\boldsymbol{D}$ 的构成示意

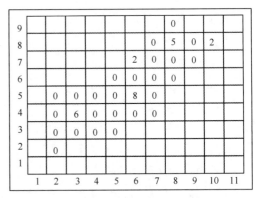

图 8.19 候选种子矩阵 $\boldsymbol{S}$

通过以上 3 个步骤，可以得到 K 个初始聚类中心（Seeds）的网格坐标。分别将这 K 个初始聚类中心中的闪电位置进行几何平均，便可以得到其具体的（x, y）坐标。这 K 个初始聚类中心将作为 K-Means 算法的输入。

上面已经为 K-Means 算法确定了初始聚类中心，接下来将 K-Means 算法运用到闪电数据聚类中来，即利用 K-means 算法得到最优分配，将闪电分配到所属雷暴。具体闪电聚类流程如图 8.20 所示。

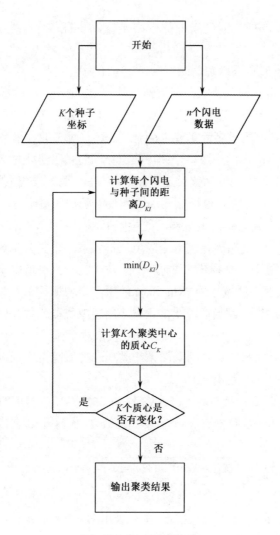

图 8.20　闪电聚类流程

在计算闪电与种子之间的距离时，若点 $K_1(x_1,y_1)$ 与点 $L_1(x_2,y_2)$ 之间的距离为 D，则

$$D = \sqrt{(x_1 - x_2)^2 + (y_1 - y_2)^2} \tag{8.17}$$

任意一个闪电与 K 个种子之间可以得到 K 个距离 D_{KI}，选取与闪电距离最小的聚类中心，将该闪电归属于该聚类中心所在的集群。至此，每个闪电都成了某个集群的一员。此时，再计算 K 个聚类中心的质心是否发生了变化，如果质心发生了变化，则以新的质心为聚类中心重新聚类；如果质心未发生变化，则这就是最优分配，聚类程序结束。

综上所述，对闪电数据进行挖掘，可以找到某些闪电在时间、空间上的相似性。这与以往用雷达数据来识别、跟踪雷暴是两种完全不同的方式。由于雷达强回波区与实际发生闪电的区域并不是完全吻合的，而有强回波的地方并不一定就有雷暴，因而从闪电数据本身来研究雷暴的思想弥补了用雷达数据研究雷暴的缺陷。闪电聚类算法的结果包括：闪电集群的个数，每个闪电集群的种子坐标、种子闪电密度，每个闪电集群包含的闪电个数，每个闪电集群的中心坐标，表征闪电集群内部闪电分布离散度的距离方差。

4）基于闪电聚类的雷暴跟踪算法

基于闪电聚类的雷暴跟踪建立在聚类结果基础上。聚类结果的准确性和可靠性将直接影响雷暴跟踪的效果。得到聚类结果最关键的一步是初始聚类中心的确定。如果闪电密度阈值设定得过低，则将产生过多满足要求的种子。这些过多的种子会使原本属于一个闪电集群的闪电分离开来，产生两个或多个闪电集群；同时，在连续时次中，闪电集群不能全部进行匹配跟踪。如果闪电密度阈值设定得过高，一些小型的或初生的雷暴将无法被识别，在利用 K-Means 算法聚类时，也可能无法达到收敛条件。对于有太多种子的情况，将最初的闪电集合合并，直到所剩闪电集群的数量能够用于连续体扫的相关（匹配跟踪）。这些闪电集群还可以进一步合并，直到一个闪电集群代表一个复合型风暴。最终的闪电集群可以用于产生和分析整个风暴系统的时间序列。对于种子太少的情况，将闪电密度阈值减小到 0.01 条/km^2，或者将区域划为 5km×5km 的格点来增加种子。

雷暴跟踪是指，通过匹配当前时次的雷暴（用闪电集群代替）与前一时次的雷暴来跟踪雷暴的移动，然后根据雷暴的历史移动路径及发展程度来预报雷暴的中心及其强弱或发展区域。一般来说，可以通过不同的雷暴系统类型选择跟踪方案或进行自动跟踪，在预报时可采用线性外推法或非线性外推法。

假设雷暴 i 在 T_1 时刻的状态为 $C_{1i}=(X_{1i},Y_{1i})$，雷暴 j 在 T_2 时刻的状态为 $C_{2j}=(X_{2j},Y_{2j})$。且 T_1 时刻有 n_1 个雷暴，T_2 时刻有 n_2 个雷暴。那么 T_1 时刻雷暴与 T_2 时刻雷暴间可能的距离为

$$D_{ij}=\sqrt{(X_{1i}-X_{2i})^2+(Y_{1j}-Y_{2j})^2}, \ i\in(1,n_1), \ j\in(1,n_2) \tag{8.18}$$

定义目标函数 $Q=\sum D_{ij}$，其中，i 表示起点，j 表示终点。当所有可能的距离之和最小时，T_1 时刻与 T_2 时刻的匹配即最佳匹配。本书采用 Hungarian 最优匹配算法，找到一种最优匹配方案，使目标函数最小。此时，雷暴的位移为

$$V=D_{ij}/\nabla t \tag{8.19}$$

其移动方向从 C_{1i} 指向 C_{2j}。外推预报采用线性外推法。雷暴跟踪算法流程如图 8.21 所示。

5）雷暴识别效果

本部分在 ArcGIS 平台上实现。聚类输出结果与跟踪匹配结果以文本形式给出，每个时次都有相应的文本生成。表 8.9 为 2008 年 5 月 3 日 20:36 的雷暴识别结果。该时次包含 3 个雷暴集群，其中，0 号雷暴集群为新生雷暴，因此与上一时次的匹配编号记为-1；而雷暴集群 1 号、2 号分别与上一时次的雷暴集群 1 号、2 号匹配。这 3 个雷暴集群对应的闪电聚类属性如表 8.9 所示，分别记录了雷暴集群的闪电数量、雷暴集群的中心坐标、雷暴集群内的闪电距离雷暴集群中心的距离平方和、雷暴集群内闪电的离散度、雷暴集群的移动速度及与上一时次的匹配编号。

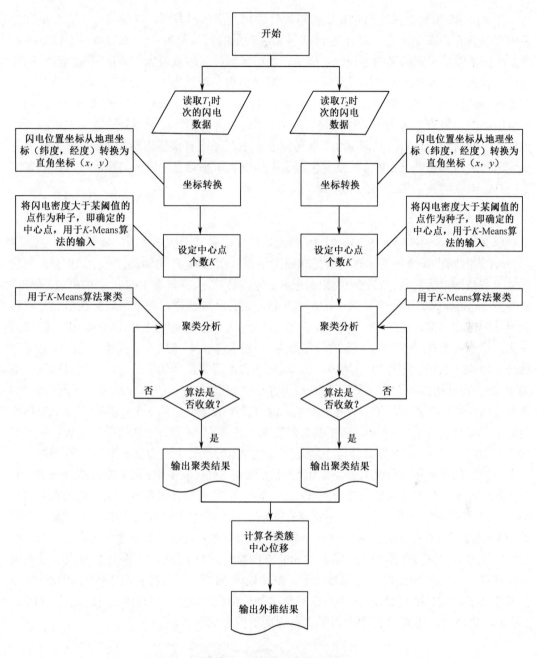

图 8.21　雷暴跟踪算法流程

表 8.9　2008 年 5 月 3 日 20:36 的雷暴识别结果

集群编号	闪电数量（条）	中心坐标	距离平方和（km）	离散度（km）	移动速度的 X、Y 分量（m/s）	匹配编号
0	22	（111.253，28.861）	173.112	6.83744	（0，0）	−1
1	64	（111.043，29.2919）	759.782	6.82708	（−10.6663，−23.9068）	1
2	29	（111.533，29.6073）	382.219	6.80889	（0.714259，1.43633）	2

在 ArcGIS 平台上采用凸包算法将雷暴集群用凸多边形表示，属于同一个雷暴集群的闪电都包含在凸多边形内。运用这种凸包算法表示的雷暴集群将闪电归属到了相应的雷暴，达到了雷暴识别结果的可视化。但是，当雷暴集群离散度较大、某条闪电距离雷暴集群中心较远时，运用凸包算法得到的凸多边形会出现某个顶点尖锐的情况，这种凸多边形不能很好地代表雷暴集群的密度中心。因此，本书对凸包算法进行一定的改进，根据闪电密度中心的位置对凸多边形的顶点进行缩放。改进后的凸包算法所得到的雷暴集群能更好地体现雷暴所在的位置。结果显示，0 号雷暴发生在湖南省常德市桃源县；1 号雷暴发生在湖南省大庸市慈利县；2 号雷暴发生在湖南省常德市临澧县，以及与临澧县西部相邻的石门县、与临澧县东部相邻的澧县。

2. 雷暴跟踪效果

以 2009 年 8 月 15 日 19:24～21:36 的雷暴过程来看基于闪电聚类的雷暴跟踪效果。以 12 分钟为时间步长分析连续时间的雷暴跟踪结果（图略）。雷电活动开始于 19:24，发生在湖南省岳阳市岳阳县，首次识别出雷暴（1 号雷暴），该雷暴在 19:24～19:36（12 分钟）共发生 18 条地闪。下一个时次 19:36～19:48，雷暴从湖南省岳阳市岳阳县往西北方向移动至岳阳市临湘市，并在 12 分钟内发生了 35 条地闪。通过两个时次雷暴集群中心位移的变化，得到雷暴在 X、Y 方向上的偏移量为（−13.3574，13.5321）。雷暴继续向西北方向移动，19:48～20:00 发生 23 条地闪。20:00～20:12，雷暴发展到成熟阶段，地闪数量激增到 85 条，雷暴仍向西北方向移动。20:12～20:24，在原有雷暴的西南方向（2 号雷暴）和东北方向（3 号雷暴）均有一个新生雷暴，此时雷暴数量增加到 3 个。其中，处于成熟阶段的 1 号雷暴发生地闪 83 条，新生的 2 号雷暴发生地闪 18 条，新生的 3 号雷暴发生地闪 39 条。20:24～20:36，1 号雷暴与 2 号雷暴合并为该时次的 1 号雷暴（发生地闪 112 条），而上一时次的 3 号雷暴继续发展，成为此时次的 2 号雷暴（发生地闪 27 条）。20:36～20:48，1 号雷暴逐渐减弱，地闪数量减少到 59 条，而 2 号雷暴发展到成熟阶段，地闪数量达到 83 条。上一时次的 1 号雷暴和 2 号雷暴在 20:48～21:00 合并成该时次的 1 号雷暴（发生地闪 98 条），同时在岳阳市岳阳县有一个新生雷暴（2 号雷暴，发生地闪 8 条）。21:00～21:12，1 号雷暴（发生地闪 113 条）往西北方向移动，2 号雷暴（发生地闪 9 条）往西南方向移动。21:12～21:24，1 号雷暴减弱，发生地闪 55 条，2 号雷暴发生地闪 13 条。2 号雷暴在 21:24～21:36 已经消亡，1 号雷暴继续处于消亡阶段，发生地闪仅 34 条。到 21:36，1 号雷暴也消亡。图 8.22 是整个雷暴生命周期的闪电数量。

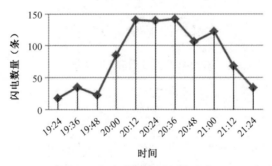

图 8.22　闪电数量随时间的分布

　　闪电聚类算法包括：对监测区域的格点划分；闪电数据的读取及坐标转换；初始聚类中心个数（K）的确定和聚类分析。基于 K-Means 算法的闪电聚类的关键步骤是确定种子，种子的确定直接影响聚类效果。这种最邻近聚类算法能分辨哪些闪电是在哪个雷暴发生的。同时，基于闪电聚类的雷暴识别与跟踪算法，能得到闪电发生、发展的时间序列，用来标识雷暴的发生、发展。系统采用凸包算法将雷暴集群用凸多边形表示，属于同一个雷暴集群的闪电都包含在凸多边形内。运用这种凸包算法表示的雷暴集群将闪电归属到了各自的雷暴，达到了雷暴识别结果的可视化。从算法的实现效果来看，闪电聚类算法能定量地得到雷暴各时序的闪电数量，可应用于雷暴完整生命周期的验证。

第 9 章

雷电预警预报系统

....

雷电预警预报系统是将雷电预警资料、方法进行综合应用，并由软件实现的综合系统。目前，我国部分省市的气象部门已经开始应用雷电预警预报系统进行雷电灾害预警服务，并取得了很好的效果。

9.1 雷电预警预报系统开发过程

雷电预警预报系统的开发是一项复杂的系统工程，整个过程可划分为需求分析、系统设计、系统实施、系统运行与维护 4 个阶段。第 1 个阶段与第 4 个阶段首尾相连，形成系统开发的循环过程，如图 9.1 所示。

图 9.1 雷电预警预报系统开发流程

9.1.1 需求分析阶段

需求分析阶段是系统开发的初始阶段，也是雷电预警预报系统开发最重要的阶段。需求分析的好坏将直接决定系统开发的成败，需求分析阶段工作做得越好，系统开发过程就越顺利。需求分析阶段包括系统规划和系统分析两个阶段。在雷电预警预报系统规划阶段，要了解系统开发的背景，在信息收集的基础上确定系统开发的可行性，确定系统开发的总体方案，明确目标系统要达到的目标、系统开发的总体思路，以及系统开发所需的时间和资金等。在雷电预警预报系统分析阶段，要建立系统的逻辑模型，并撰写系统需求分析报告。

9.1.2　系统设计阶段

雷电预警预报系统的设计师应在需求分析阶段确立的总体方案和建立的逻辑模型的基础上，进行系统的整体框架、物理模型的设计。雷电预警预报系统设计的首要任务，就是对系统进行全面的总体设计，具体来说就是根据需求分析阶段确定的系统功能，划分系统的各个子系统，绘制子系统结构图，并在此基础上进行各个子系统的设计。

1. 整体框架设计

雷电预警预报系统的整体框架设计（见图 9.2），有以下几个要求。

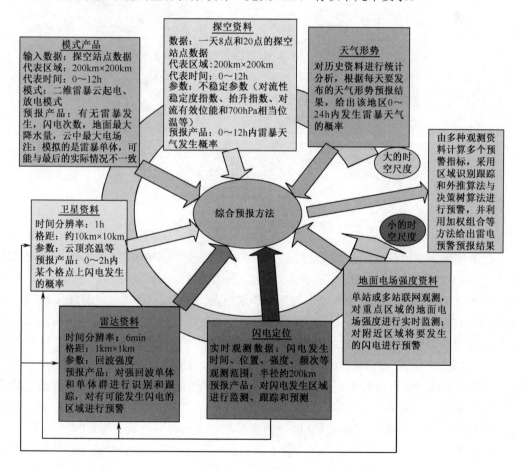

图 9.2　雷电预警预报系统的整体框架设计

（1）不同时空尺度观测资料的综合应用。依据观测资料的时空尺度，分别给出不同时空尺度上的预报结果。利用天气形势预报产品、探空资料及雷暴云起电、放电模式（代表区域约 200km×200km，预报时效为 0～12h 或 0～24h，非格点化资料），在大的时空尺度上给出雷电活动潜势预报。利用卫星、雷达、闪电定位仪等（大范围卫星定时观测，小范围闪电定位仪和雷达实时或准实时观测，均为格点化资料）对强对流天气系统进行监测，对有可能发生闪电的区域进行识别、跟踪和外推，给出雷电活动发展和移动的趋势预报，并结合地面大气电场仪的实时观测，提供局部地区的雷电临近预报。

（2）模块化结构。每种资料的应用都采用独立的模块，既容易实现不同模块之间的相互调用，以及综合预报模块对子模块预报结果的调用，又便于以后对雷电预警方法进行不断升级和改进。CAMS_LDWS 雷电预警方法主要包含了 8 个预警模块（见图 9.3）。

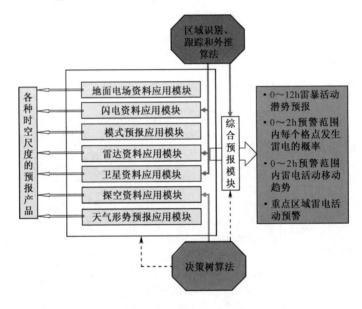

图 9.3　CAMS_LDWS 雷电预警方法中的模块化设计

（3）区域识别、跟踪和外推算法与决策树算法的应用。区域识别、跟踪和外推算法能够用于闪电资料应用模块、雷达资料应用模块、卫星资料应用模块及综合预报模块，把已经发生闪电的区域和有可能发生闪电的区域识别出来，并利用多个时次的观测资料对这些区域进行跟踪和外推，预测 0～2h 预警范围内有可能发生闪电的区域。决策树算法应用的前提是有足够多的实例对该算法进行分类训练。随着观测个例的增多，决策树算法除了用于探空资料应用模块，也有望在其他模块中加以应用，对各种预警指标进行遴选。

（4）雷电活动资料及其与云和降水关系的综合分析应用。闪电定位仪的监测结果除了用于对雷电发生区域进行外推预测，还可以在利用卫星云图和雷达回波资料进行雷电预报过程中综合考虑。另外，地面电场实时观测资料与雷电活动也是紧密相关的。

（5）人机交互功能。用户可以在系统中指定参与预报的各种资料及其预报结果在综合预报中所占的相对权重（见图 9.4），还可以输入预报员的经验预报结果参与综合预报。

图 9.4 预报模块设置及其相对权重的设定

2. 预报流程设计

图 9.5 给出了雷电预警预报流程。用户可以对预警范围、格点分辨率、每种资料的预处理有效时段、参与预警的有效资料及其相对权重、预警时间长度和预警时间步长等参数进行设置；雷电预警模块将根据用户设置对相应的资料进行处理，流程如图 9.6 所示。

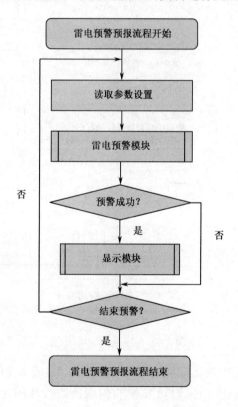

图 9.5 雷电预警预报流程

可以看到，模块化设计贯穿雷电预警的整个流程。例如，在卫星资料预处理模块、雷达资料预处理模块中，每个处于预处理有效时段内的数据文件都根据用户设置的预警范围和格点分辨率重新进行格点化处理，在需要插值时采用的是双线性插值法。

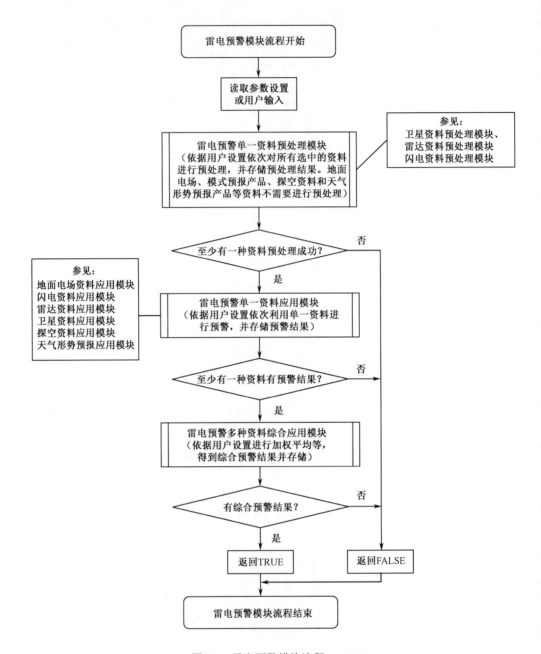

图 9.6　雷电预警模块流程

　　闪电实时观测资料还需要指定预处理的时间步长，生成多个时段的格点资料，每个格点的数据为该格点范围内在对应时段发生的闪电次数（地闪定位系统）或辐射点个数（SAFIR 相位干涉仪）。闪电观测资料通常比较离散，如果用户指定的预报产品的格距较小（如 1km×1km），按此设置进行格点化会使很多有闪电的格点孤立，不能构成连续的区域分布，不适合区域识别算法的应用。因此，对闪电观测资料进行预处理时先用粗网格（如 5km×5km，甚至 10km×10km），然后按照预报产品的格距进行格点化，如图 9.7 所示。另外，SAFIR 相位干涉仪还能观测云闪，在预处理时应对每个格点发生的闪电类型加以区分。

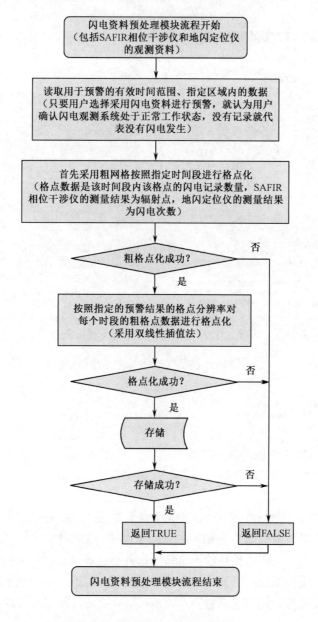

图 9.7 闪电资料预处理模块流程

如图 9.8 所示，预报员进入天气形势预报应用模块之后，可以依据当天的天气形势，在对话框中选择相应的类型。该模块将根据历史个例的统计结果给出 0～24h 较大区域范围内的雷暴潜势概率。预报员也可以根据自己的经验指定雷暴天气发生的概率。用户选择了天气形势类型后，该模块还会显示相应的示意图和文字描述供预报员参考。华北地区产生强对流天气的基本形势主要有冷涡型、横槽型、涡前低槽型、阶梯槽型和西北气流型 5 种。各地气象台站还有更多的经验总结，为了便于推广使用，该模块中所有参数设置都通过配置文件实现，对于不同地区而言，预报员可以设定不同的天气形势及雷暴天气发生概率等参数。

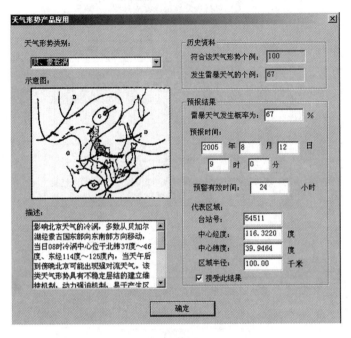

图 9.8　天气形势预报应用模块

9.1.3　系统实施阶段

雷电预警预报系统实施阶段的主要任务是：按雷电预警预报系统功能进行子系统设计，选择适当的开发工具，配置雷电预警预报系统软硬件，进行子系统调试，最后进行系统的联机调试和用户测试。

在建立雷电预警预报系统过程中，要按系统论的思想，把雷电预警预报系统视为一个大的系统，将这个系统分成若干个相对独立的子系统，采用"自上而下"的设计思路和步骤设计和实施。特别是，雷电预警预报系统的软件设计和调试，要做到每个功能模块完成相对独立的任务，受控于上一个模块，并且易于维护、修改。雷电预警预报系统的性能测试非常关键，不仅要通过调试工具检查、调试，而且要通过模拟实际操作或利用实际数据进行验证。

9.1.4　系统运行与维护阶段

雷电预警预报系统建立后，就进入了系统运行与维护阶段。在此阶段，开发人员需要针对用户使用过程中遇到的问题及提出的意见，及时修正雷电预警预报系统的缺陷、增加新的功能，不断提高雷电预警预报系统的适应性、可靠性和安全性。

9.2　湖南省雷电监测预警系统

9.2.1　系统简介

湖南省雷电监测预警系统从湖南省雷电监测预警业务需求出发，基于多种探测手段及获得的雷电观测资料，综合处理各类数据，并结合 ArcGIS 平台为雷电监测预警提供可视化分析和辅助决策服务。

总体来说，湖南省雷电监测预警系统在大的天气背景下，引入时空分辨率较高的准实时和实时观测资料（雷达、地面大气电场仪及闪电观测资料等），对可能发生或已经发生闪电的区域进行识别、跟踪、外推，并给出雷电临近预警结果（见图 9.9）。

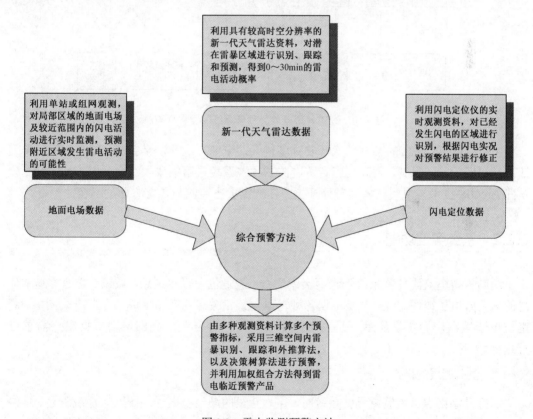

图 9.9　雷电监测预警方法

在湖南省雷电监测预警系统中，每种资料的应用均采用独立模块，各自得到独立的预警结果，然后按照适当的权重将独立的预警结果组合形成最终的雷电临近预警产品。湖南省雷电监测预警系统的整体框架和数据流程如图 9.10、图 9.11 所示。

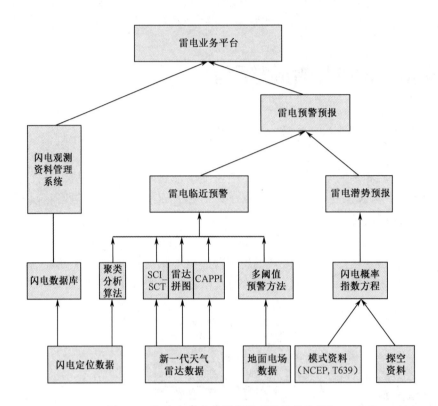

图 9.10 湖南省雷电监测预警系统的整体框架

由于 ArcGIS 平台的独立二次开发难度较大，单纯二次开发又会受到 ArcGIS 工具灵活性及实现功能的限制，因此湖南省雷电监测预警系统采用集成式二次开发方式，以充分发挥 ArcGIS 技术与现代气象信息处理技术在气象灾害监测与预警方面的优势。

9.2.2 系统实现功能

湖南省雷电监测预警系统包含两类图层：一类是包含行政区划、城镇、交通等基本信息的湖南省电子地图，另一类是根据各种雷电预警相关专业产品生成的专业产品图层。湖南省电子地图作为背景显示，是系统的基础图层；各专业产品图层则根据用户需求自行选择。

1. 基础图层的操作

在打开湖南省雷电监测预警系统时，作为背景的湖南省电子地图默认加载省会、地级市、省界和县界 3 个图层。系统界面分为 4 个部分，即菜单、工具条、左侧的图层复选框、右侧的显示区域。菜单和工具条上提供了图层的放大、缩小、漫游等基本功能，同时支持鼠标滚轴放大、缩小。通过勾选或者取消左侧的图层复选框中的内容可以控制各个图层的显示。湖南省雷电监测预警系统对各图层的图例提供自定义编辑功能，并支持图层透明度设置。用户可以根据习惯自行设定加载图层，也可以采用系统默认加载的图层，只需要在完成上述操作后选择菜单项"工程"→"保存工程设置"进行保存即可。用户将鼠标移动到感兴趣的目标上时，显示区域会自动弹出包含该目标信息的文本框。

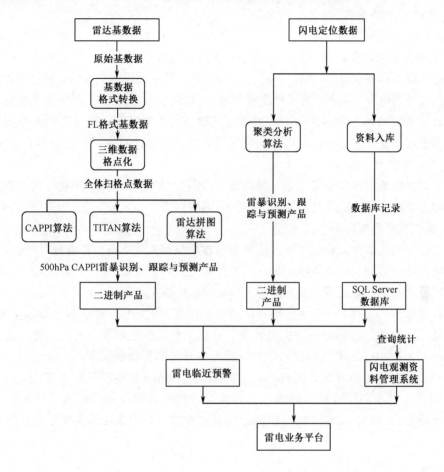

图 9.11 湖南省雷电监测预警系统的数据流程

2. 专业产品图层的操作

湖南省雷电监测预警系统能够利用各类探测资料，结合相关专业算法，基于 ArcGIS 平台为雷电监测预警提供可视化分析和辅助决策服务。用户可以自行选择需要加载的专业产品图层。在"数据产品"对话框中的"显示方式"下拉菜单中，用户可选择"相对时间段""绝对时间段""实时"，分别对应当天数据、历史数据、实时数据。"刷新频率"可设定专业产品图层动态显示的刷新频率，即帧与帧之间的时间间隔，默认值为 2s。"时间步长"可设置相邻两帧专业产品图层之间的实际时间间隔，默认值为 6min（与新一代天气雷达 VCP21 体扫模式同步）。各专业产品图层具有类似基础图层的功能操作。

1）闪电定位数据图层

湖南省雷电监测预警系统可根据闪电定位数据生成对应的产品矢量图层，实现闪电定位数据的实时显示，并随时间自动刷新数据，实现动态显示效果，便于业务人员实时监测雷电情况。其中，红色"+"号表示正地闪，蓝色"−"号表示负地闪。选择工具条上的"动态展示"即可实现闪电数据的动态展示。另外，闪电定位数据图层也具备闪电具体信息的鼠标移动显示功能。

2）CAPPI 产品图层

湖南省雷电监测预警系统可实现雷达 CAPPI 产品的实时显示，并随时间自动刷新数据，实现动态显示效果，便于业务人员根据雷达回波图实时监测雷暴发展状态。CAPPI 产品图层支持鼠标移动显示功能，并且可与闪电定位数据图层叠加显示，为使用者直观显示雷达回波与雷电发生关系。若某一图层暂时不需要显示，在左侧的图层复选框将其勾选掉即可。显示区域右下角"图例"对雷达基站信息、数据时间，以及各种颜色所代表的dBZ 范围进行了说明。另外，双击左侧色标图例可对各 dBZ 范围的颜色进行自定义。

3）两站雷达拼图图层

湖南省雷电监测预警系统可基于两站雷达拼图数据生成栅格数据图层，实现拼图产品的实时动态显示，以解决单站雷达覆盖范围有限的问题。

4）雷电预警产品图层

湖南省雷电监测预警系统根据雷达数据和雷电预警算法所得的雷电预警产品，生成对应的雷电预警产品图层。该雷电预警产品的预警时间为 30min，每 6min 生成一次，提供雷暴区域可能发生雷电的等级及其未来的移动趋势，供用户使用。

在雷电预警产品图层中，有色格点区域表示雷暴云的范围；格点颜色表示预警等级，蓝色、黄色、橙色、红色分别对应无预警、黄色预警、橙色预警、红色预警；箭头方向表示雷暴云未来 30min 内的移动趋势；椭圆为雷暴云的等效覆盖范围，由内而外的 4 个椭圆分别表示雷暴当前时刻、10min 后、20min 后、30min 后可能的位置范围。双击左侧相关图例，可对各预警等级对应颜色，以及表示雷暴云移动趋势的箭头和椭圆线型进行自定义设置。另外，湖南省雷电监测预警系统支持用户对雷暴体具体信息的鼠标移动显示。

9.3 CAMS_LDWS 的业务应用

雷暴云起电、放电模式的研究随着实验室研究结果的增多、探测技术和计算机技术的飞速发展而取得了很大的进展。CAMS_LDWS 中初步考虑了雷暴云起电、放电模式的应用。目前，CAMS_LDWS 采用的是中国科学技术大学大气环境遥感创新与研发基地基于中国气象科学研究院积云数值模式的框架，考虑了感应起电参数化方案和非感应起电参数化方案，并集成双向随机放电模式建立的二维雷暴云起电、放电模式；输入资料为 MICAPS提供的探空资料，包括各层的气压、海拔、温度、露点温度、风向和风速等。CAMS_LDWS会根据用户设定的时间自动获取之前 12h 内的探空资料（每天 08:00 和 20:00，共两次），雷暴云起电、放电模式流程如图 9.12 所示，能够模拟得到在该探空天气条件下可能产生的云闪和地闪次数等特征。

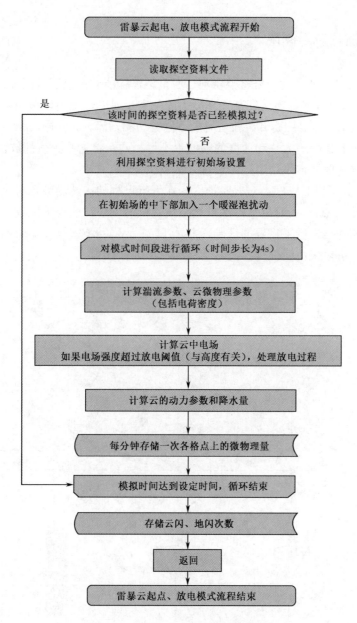

图9.12 雷暴云起电、放电模式流程

目前，CAMS_LDWS 中雷暴云起电、放电模式模拟结果的应用比较简单。模拟结果只要有闪电发生，就认为 0～12h 内 200km×200km 范围内发生闪电的概率为 100%；否则，概率为 0。可以预见，雷暴云起电、放电模式在 CAMS_LDWS 中的应用前景是比较广阔的：积累比较多的个例，对模拟结果和实际观测结果进行统计，可以给出模式模拟结果的准确率、误警率等指标，而不只是简单地给出有（100%）或无（0）的预测结果；将雷暴云起电、放电模式与数值天气预报模式耦合，可以对每个格点内发生闪电的可能性进行模拟，能够提高模拟结果的时空分辨率。随着探空技术的发展和加密探空计划的实施，雷暴云起电、放电模式在雷电预警预报中的作用将越来越大。

9.3.1 雷达资料应用模块

目前，AITEA 仅能处理二维格点资料，而雷达体扫能够提供三维的反射率探测结果。CAMS_LDWS 既可以采用雷达在某一高度上的基本反射率，也可以采用组合反射率，来进行强回波区域的识别、跟踪和外推。对于不同类型的对流云，其回波强度的最低阈值是不一样的，最小面积、最大移动速度的阈值也不尽相同，将这些阈值都放在配置文件中，预报员可以根据具体需求采用不同的设置方案。

图 9.13 给出了利用 AITEA 对北京地区一次天气过程的雷达回波资料进行区域识别的结果，可以看到：AITEA 对每个时次雷达回波资料的识别都取得了比较理想的效果，这为后面的跟踪和外推提供了良好的基础。注意到，雷达强回波区域在短时间内基本上是直线移动的，所以可以采用线性外推法对其移动趋势进行预测。

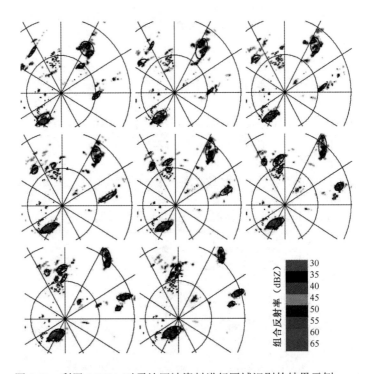

图 9.13　利用 AITEA 对雷达回波资料进行区域识别的结果示例

(北京多普勒天气雷达，2005 年 8 月 12 日 07:41～08:21；组合反射率；图中的椭圆即 AITEA 的识别结果；距离参考圈的半径每格为 50km；识别时采用的阈值：最低回波强度 30dBZ，最小面积 50km²；为便于观看，此处只显示了回波强度不低于 30dBZ 的格点)

关于如何利用雷达观测资料进行雷电预警，这里主要介绍在没有地面电场资料和闪电定位数据配合的情况下采用的预警指标。

（1）双回波强度阈值：T_1(D.R.E.) 和 T_2(D.R.E.)，T_1(D.R.E.) $<$ T_2(D.R.E.)，可分别选为 30dBZ 和 45dBZ。利用 AITEA 对雷达回波强度不低于 T_1(D.R.E.) 的区域进行识别、跟踪和预测（基本反射率和组合反射率均可），在这些区域如果存在雷达回波强度不低于

T_2(D.R.E.) 的格点，则认为该区域有可能发生闪电，预警提前时间为 t_F(D.R.E) 。从最后一个时次开始，在跟踪结果中向前搜索符合上述条件的区域，设该区域符合上述条件的最早时刻为 t_0(D.R.E) ，则预测 t_0(D.R.E) + t_F(D.R.E) 之后该区域可能发生闪电。

（2） T 温度层高度上的回波强度阈值 T(T.R.E.)：利用 AITEA 对雷达回波强度不低于 T_1(T.R.E.)（可取为 30dBZ）的区域进行识别、跟踪和预测（基本反射率和组合反射率均可），如果某个区域对应的 T 温度层高度 $H(T)$（由探空资料获得）上的雷达回波强度超过 T_1(T.R.E.) ，则认为该区域有可能发生闪电，预警提前时间为 t_F(T.R.E) 。 T 可取为-10℃，对于地闪的预警统计分析得到 t_F(T.R.E) 为 7.5min。

9.3.2　闪电资料应用模块

利用 AITEA 可以对已经发生闪电的区域进行识别，利用一段时间的监测资料就能进行闪电跟踪和预测，特别是闪电定位系统可以提供云闪的信息，这使地闪预测有更长的预警时间。

2005 年 7 月 22 日，受副热带高压边缘的偏南暖湿气流和西来的高空槽的共同影响，北京地区出现了大范围降雨，并伴随着较强的雷电活动。图 9.14 给出了由 SAFIR 相位干涉仪监测到的 1:30～3:00 密云水库附近的闪电活动情况，以及利用 AITEA 得到的识别结果。在图 9.14 中，椭圆为利用 AITEA 识别的结果，最小面积阈值为 100km²；圆点、"+"和"−"表示闪电定位结果。图 9.15 给出了根据 1:30～2:15（按照 15min 一个时段）的闪电发生区域外推的 2:15～3:00 可能发生闪电的大概区域范围。跟踪采用的阈值为，每小时区域中心移动的距离不超过 100km。在图 9.15 中，有斜线填充的椭圆区域为外推区域范围；圆点、"+"和"−"表示闪电定位结果。

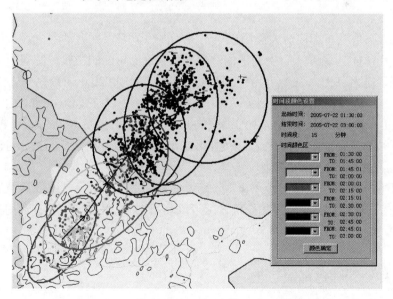

图 9.14　北京地区一次雷暴过程闪电定位结果的时空分布

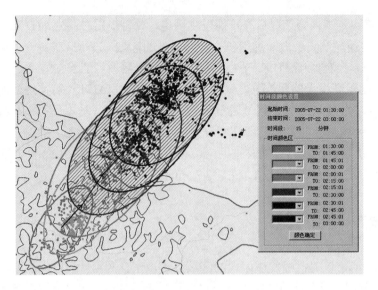

图 9.15　利用 AITEA 对闪电发生区域进行识别、跟踪和外推的结果示例

可以看到，AITEA 对闪电区域的外推结果在 0～30min 内与实测结果还是较为一致的；从整体来看，随着外推时间的延长，预测外推区域与实测区域的差异也越来越大。

利用地闪定位资料进行雷电临近预报实际上就是预测雷电活动的移动趋势，并且只能靠提前预测雷电活动的位置信息来保障提前预警时间；而云闪一般提前于地闪发生，其定位结果在一定程度上能够延长地闪的提前预警时间，CAMS_LDWS 中也考虑了此项预警指标。

9.3.3　决策树算法和探空资料应用模块

决策树算法是能够直接对大量历史个例进行训练学习，并自动生成决策树的一种算法。本书采用的 DTA 是基于自上向下的贪婪搜索来遍历可能的决策树空间的 ID3 算法。DTA 的训练资料为 1995—1997 年 6～9 月北京地区 08:00 和 20:00 的探空资料，以及每次探空之后 12h 内以中国气象科学研究院为中心 250km 范围内的地闪次数。由探空资料可以计算得到很多种大气层结参数，如 400～700hPa 平均相对湿度、600～800hPa 平均相对湿度、潜在性稳定度指数、对流性稳定度指数、潜在—对流性稳定度指数、对流有效位能（CAPE）、抬升指数、700hPa 相当位温等。

DTA 不仅适用于探空资料应用模块，还具有通用的接口设计。只要涉及利用多种参数进行决策的过程，并有足够多的个例，就可以利用 DTA 来遴选较为合适的参数，并生成决策树。

9.3.4　多种资料综合预报方法

由天气形势预报产品、探空资料和模式预报产品得到的雷电预警结果的代表性区域的

空间尺度很大（200km×200km），对应的时间段也较长（0～12h），因此，CAMS_LDWS
中如果只选择了天气形势预报应用模块、探空资料应用模块、模式预报应用模块这3个模
块（统称为雷暴潜势预报模块）中的1个或多个，得到的就是200km×200km范围内0～
12h内雷暴活动的潜势预报结果。

利用2005年8月2日08:00的探空资料得到，雷暴天气发生的概率为75%；雷暴云
起电、放电模式模拟结果显示有闪电发生；综合预报结果为92%；08:00～20:00北京地区
发生了较强降雨，并伴随雷电活动。利用2005年8月12日09:00之前的观测资料预测得
到09:00～09:30每个格点发生闪电的概率，格点大小为5km×5km；参与预报的观测资料
包括雷达、SAFIR相位干涉仪和地面大气电场仪的观测结果。绿色的点、"+"和"–"为
09:00～09:30 SAFIR相位干涉仪观测得到的辐射点记录。

如图9.16所示为利用2005年7月22日02:15之前的观测资料预测得到的02:15～02:30、
02:30～02:45和02:45～03:00这3个时间段内雷电活动区域移动趋势的预报结果，利用
3个椭圆及连接它们中心的箭头来表示移动趋势；格点数据显示的是02:15～02:30发生闪
电的概率，每个格点大小为5km×5km。参与预报的观测资料包括雷达、SAFIR相位干涉
仪的观测结果。用户可以任意设置重点区域的位置、半径及个数，CAMS_LDWS会根据
该区域内格点的雷电概率预报结果给出该区域的雷电预警等级预报结果，并采用不同颜色
（代表不同等级）、闪烁的标记来发布预警信息。

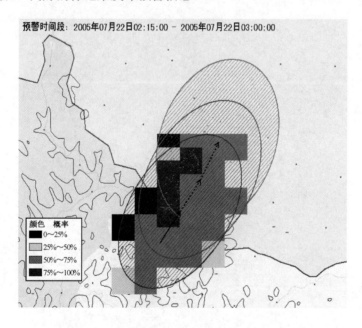

图9.16 雷电活动区域移动趋势预报结果示例

反侵权盗版声明

电子工业出版社依法对本作品享有专有出版权。任何未经权利人书面许可，复制、销售或通过信息网络传播本作品的行为；歪曲、篡改、剽窃本作品的行为，均违反《中华人民共和国著作权法》，其行为人应承担相应的民事责任和行政责任，构成犯罪的，将被依法追究刑事责任。

为了维护市场秩序，保护权利人的合法权益，我社将依法查处和打击侵权盗版的单位和个人。欢迎社会各界人士积极举报侵权盗版行为，本社将奖励举报有功人员，并保证举报人的信息不被泄露。

举报电话：（010）88254396；（010）88258888

传　　真：（010）88254397

E-mail：　dbqq@phei.com.cn

通信地址：北京市万寿路 173 信箱

　　　　　电子工业出版社总编办公室

邮　　编：100036